太平洋戦争で活躍した名機がカラーで蘇る!

世界の戦闘機
完全網羅カタログ

「歴史の真相」研究会

カラー掲載
54機

本書は第二次世界大戦から現代までの戦闘機の中でも、各国で制式採用されたものを完全網羅としています。加えて、注目すべき開発中の戦闘機や歴史にその名を残した試作機についても一部掲載しています。

宝島社

はじめに

ライト兄弟が飛行機の初飛行を成功させたのは1903年。第一次世界大戦では飛行機が実戦投入されることとなり、第二次世界大戦での戦闘機は戦局が左右するほどの強力な兵器となった。第二次世界大戦時、列強は競い合うように新型戦闘機を戦地へと送り込んだ。日本は他国を圧倒する零式艦上戦闘機「零戦」を開発。英米軍から「ゼロファイター」と呼ばれ恐れられた。

それから約70年後の現代、各国は最新技術を駆使して

F-15イーグルやF-22ラプター、ミラージュ2000などを完成させた。現代の戦闘機の最高速度は音速を超え、ステルス機能を備えている。

本書は第二次世界大戦から現代までの戦闘機を287機掲載している。本書を読むことで戦闘機の系譜を読み解くことができるはずである。また、資料が乏しいもの、画像が入手不可能だったものに関しては、編集の都合上省かせてもらっていることをご了承いただきたい。

世界の戦闘機 完全網羅カタログ

CONTENTS

はじめに ── 2

特集 PART.1 最強の戦闘機 零戦 ── 9

特集 PART.2 世界の名機 ── 21

第1章 日本の戦闘機 01 >>> JAPAN

- 九五式艦上戦闘機 ── 32
- 九六式艦上戦闘機 ── 33
- 九七式戦闘機 ── 34
- 一式戦闘機 隼 ── 36
- 二式単座戦闘機 鍾馗 ── 38
- 二式複座戦闘機 屠龍 ── 40
- 二式水上戦闘機 ── 42
- 三式戦闘機 飛燕 ── 44
- 局地戦闘機 雷電 ── 46
- 水上戦闘機 強風 ── 48
- 夜間戦闘機 月光 ── 50
- 局地戦闘機 紫電 ── 52
- 局地戦闘機 紫電改 ── 54
- 四式戦闘機 疾風 ── 56
- 五式戦闘機 ── 58
- F-4EJ改ファントムⅡ ── 60
- F-15J/DJ戦闘機 ── 62
- F-1支援戦闘機 ── 64
- F-2戦闘機 ── 66
- F-35AライトニングⅡ ── 68
- 日本でライセンス生産された戦闘機 ── 70
- ドイツからの試験用輸入機 ── 72
- 日本軍による鹵獲機 ── 74
- まだある日本の戦闘機 ── 76

第2章 アメリカの戦闘機 02 >>> AMERICA

- ボーイング P-26ピーシューター ── 80
- グラマン JF/J2F ダック ── 81
- グラマン F3F フライングバレル ── 82
- カーチス ホーク75/P-36 ホーク ── 83
- グラマン F4F ワイルドキャット ── 84
- ベル P-39 エアラコブラ ── 86
- カーチス P-40 ウォーホーク ── 88

- ロッキード P-38 ライトニング ─── 90
- ボート F4U コルセア ─── 92
- ノースアメリカン P-51 マスタング ─── 94
- セバスキー P-35／AP-1 ─── 96
- リパブリック P-43 ランサー ─── 97
- ブリュースター F2A バッファロー ─── 98
- ノースアメリカン P-64 ─── 100
- リパブリック P-47 サンダーボルト ─── 101
- グラマン F6F ヘルキャット ─── 102
- ノースロップ P-61 ブラックウィドウ ─── 103
- ベル P-63 キングコブラ ─── 104
- ベル P-59 エアラコメット ─── 105
- グラマン F7F タイガーキャット ─── 106
- ライアン FR ファイアボール ─── 107
- ロッキード P-80 シューティングスター ─── 108
- グラマン F8F ベアキャット ─── 109
- グッドイヤー F2G ─── 110
- ノースアメリカン P-82 ツインマスタング ─── 111
- マクダネル FD ファントム ─── 112
- ノースアメリカン FJ-1 フューリー ─── 113
- マクダネル F2H バンシー ─── 114
- グラマン F9F パンサー ─── 115

- ダグラス F3D スカイナイト ─── 116
- リパブリック F-84 サンダージェット／サンダーストリーク ─── 117
- ノースアメリカン F-86 セイバー ─── 118
- ノースロップ F-89 スコーピオン ─── 120
- ロッキード F-94 スターファイア ─── 121
- グラマン F9F/6〜8 クーガー ─── 122
- チャンス・ボート F7U カットラス ─── 123
- ダグラス F4D スカイレイ ─── 124
- ノースアメリカン F-100 スーパーセイバー ─── 125
- コンベア F-102 デルタダガー ─── 126
- マクダネル F-101 ブードゥー ─── 127
- ロッキード F-104 スターファイター ─── 128
- リパブリック F-105 サンダーチーフ ─── 130
- コンベア F-106 デルタダート ─── 132
- グラマン F11F タイガー ─── 134
- チャンス・ボート F-8 クルーセイダー ─── 136
- マクダネル F-4 ファントムⅡ ─── 138
- ノースロップ F-5 フリーダムファイター／タイガー ─── 140
- グラマン F-14 トムキャット ─── 142
- マクダネル F-15 イーグル ─── 144

- ジェネラル・ダイナミクス F-16 ファイティング・ファルコン ─── 146
- ボーイング F/A-18A〜D ホーネット ─── 148
- ロッキード F-117 ナイトホーク ─── 150
- マクダネル・ダグラス F-15E ストライクイーグル ─── 152
- ロッキード・マーチン F-22 ラプター ─── 154
- ボーイング F/A-18E/F スーパーホーネット ─── 156
- ロッキード・マーチン F-35 ライトニングⅡ ─── 158
- まだあるアメリカの戦闘機 ─── 160

第3章 03 >>> UK イギリスの戦闘機

- ホーカー フューリー ─── 172
- グロスター グラディエーター ─── 173
- ホーカー ハリケーン ─── 174
- スーパーマリン スピットファイア ─── 175

- ボールトンポール デファイアント …… 176
- ウエストランド ホワールウィンド …… 177
- ブラックバーン ロック …… 178
- フェアリー フルマー …… 179
- ホーカー タイフーン …… 180
- ホーカー シーハリケーン …… 181
- フェアリー ファイアフライ …… 182
- スーパーマリン シーファイア …… 183
- ウエストランド ウェルキン …… 184
- ホーカー テンペスト …… 185
- グロスター ミーティア …… 186
- スーパーマリン スパイトフル …… 187
- カーチス トマホーク/キティホーク …… 188
- ホーカー シーフューリー …… 190
- ブラックバーン ファイアブランド …… 191
- デ・ハビランド DH103 ホーネット …… 192
- デ・ハビランド バンパイア …… 193
- ウエストランド ワイバーン …… 194
- ホーカー シーホーク …… 195
- デ・ハビランド ベノム …… 196
- デ・ハビランド シーベノム …… 197
- デ・ハビランド シービクセン …… 198
- グロスター ジャベリン …… 200
- フォーランド ナット …… 202
- ホーカー ハンター …… 204
- イングリッシュエレクトリック ライトニング …… 206
- まだあるイギリスの戦闘機 …… 208

第4章 ドイツの戦闘機 04 >>> GERMANY

- ハインケル He51 …… 212
- アラド Ar68 …… 213
- メッサーシュミット Bf110 …… 214
- フォッケ・ウルフ Fw190 ヴュルガー …… 216
- メッサーシュミット Me210 …… 218
- メッサーシュミット Me163 コメート …… 220
- メッサーシュミット Me262 シュヴァルベ …… 222
- メッサーシュミット Me410 ホルニッセ …… 224
- ハインケル He219 ウーフー …… 226
- ドルニエ Do335 ツェルシュテーラー …… 228
- ハインケル He162 ザラマンダー …… 230
- フォッケ・ウルフ Ta152 …… 232
- 採用を見送られたドイツの戦闘機 …… 234

第5章 ソ連・ロシアの戦闘機 05 >>> SOVIET RUSSIA

- ポリカルポフ I-15 チャイカ …… 238
- ポリカルポフ I-16 …… 239
- ボロフヨフ・フロロフ I-207 …… 240
- ラボーチキン LaGG-1/3 …… 241
- ポリカルポフ I-153 チャイカ …… 242
- スホーイ Su-1/3 …… 243
- ヤコブレフ Yak-1/I-26 …… 244
- ミコヤン・グレビッチ MiG-1/-220 …… 245
- ヤコブレフ Yak-7 …… 246
- ミコヤン・グレビッチ MiG-3 …… 247
- ヤコブレフ Yak-9 …… 248
- ラボーチキン La-5 …… 249

- ヤコブレフ Yak-3 ... 250
- ラボーチキン La-7 ... 251
- ラボーチキン La-9/11 ... 252
- コチェリギン DI-6 ... 253
- ミコヤン MiG-9 ファーゴ ... 254
- スホーイ Su-9/11 ... 255
- ヤコブレフ Yak-23 ... 256
- ミコヤン MiG-15 ファゴット ... 257
- ミコヤン MiG-17 フレスコ ... 258
- ミコヤン MiG-19 ファーマー ... 260
- ミコヤン MiG-21 フィッシュベッド ... 262
- ミコヤン MiG-23 フロッガー ... 264
- ミコヤン MiG-25 フォックスバット ... 266
- ミコヤン MiG-31 フォックスハウンド ... 268
- スホーイ Su-15 フラゴン ... 268
- スホーイ Su-17/20 フィッター ... 270
- スホーイ Su-24 フェンサー ... 272
- ミコヤン MiG-29 ファルクラム ... 274
- ミコヤン MiG-31 フォックスハウンド ... 276
- スホーイ Su-27 フランカー ... 278
- スホーイ PAK-FA/T-50 ... 280
- まだあるソ連・ロシアの戦闘機 ... 282

第6章 06 》》 FRANCE フランスの戦闘機

- モラーヌ・ソルニエ MS.406 ... 290
- ポテ 630〜633 ... 291
- コードロン CR.714 シクローヌ ... 292
- ブロック MB.151〜157 ... 293
- ドボワチーヌ D.520 ... 294
- ドボワチーヌ D.500 ... 295
- コールホーフェン FK58 ... 296
- ダッソー MD.450 ウーラガン ... 297
- ダッソー MD.452 ミステール ... 298
- シュド・ウエスト S.O.4050 ボートゥール ... 299
- ダッソー シュペルミステール ... 300
- ダッソーブレゲー シュペルエタンダール ... 301
- ダッソー ミラージュIII ... 302
- ダッソー ミラージュF1 ... 304
- ダッソー ミラージュ2000 ... 306
- ダッソー ラファール ... 308
- まだあるフランスの戦闘機 ... 310

第7章 07 》》 ITALIANA イタリアの戦闘機

- フィアットCR.32 ... 312
- フィアットCR.42 ファルコ ... 313
- フィアットG.50 フレッチア ... 314
- マッキ MC.200 サエッタ ... 316
- レッジアーネ Re.2000 ファルコ ... 318
- レッジアーネ Re.2001 アリエテ ... 319
- マッキ MC.202 フォルゴーレ ... 320
- フィアット G.55 チェンタウロ ... 322
- マッキ MC.205V ヴェルトロ ... 323
- アンブロジーニ S7 ... 324
- まだあるイタリアの戦闘機 ... 325

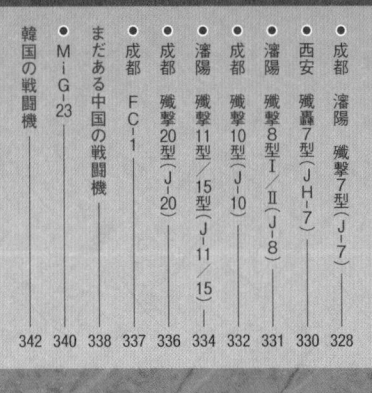

第8章 中国・韓国 北朝鮮の戦闘機 08 >>> CHINA, KOREA, NORTH KOREA

- 成都 瀋陽 殲撃7型（J-7） ……… 328
- 西安 殲轟7型（JH-7） ……… 330
- 瀋陽 殲撃8型Ⅰ／Ⅱ（J-8） ……… 331
- 成都 殲撃10型（J-10） ……… 332
- 瀋陽 殲撃11型／15型（J-11／15） ……… 334
- 成都 殲撃20型（J-20） ……… 336
- 成都 FC-1 ……… 337
- まだある中国の戦闘機 ……… 338
- MiG-23 ……… 340
- 韓国の戦闘機 ……… 342

第9章 諸外国の戦闘機 09 >>> FOREIGN COUNTRIES

- コモンウェルス CA-12 ブーメラン ……… 344
- アブロ・カナダ CF-105 アロー ……… 345
- ADA テジャス ……… 346
- IAI クフィル ……… 348
- F.F.V.S. J22 ……… 350
- サーブ 21A ……… 351
- サーブ J21R ……… 352
- サーブ J29 ……… 353
- サーブ J35 ドラケン ……… 354
- サーブ J37 ビゲン ……… 356
- サーブ JAS39 グリペン ……… 358
- AIDC F-CK-1 経国 ……… 360
- アビア B-534 ……… 362
- アビア B-35／B-135 ……… 363
- VL ミルスキーⅡ ……… 364
- VL ピヨレミルスキー ……… 365
- アヴィオン・フェアリ フォックス偵察戦闘機 ……… 366
- PZL P.7／11 ……… 368
- PZL P.24 ……… 369
- デネル・アビエーション チータ ……… 370
- ロゴザルスキーK-3 ……… 371
- IAR80／81 ……… 372
- パナビア トーネード ……… 374
- ユーロファイター タイフーン ……… 376
- まだある諸外国の戦闘機 ……… 378
- 参考文献一覧 ……… 383

特集PART.1 日本人の叡智を集結させた
最強の戦闘機

零戦
Zero

総生産数1万430機。まさに日本の航空史上に燦然と輝く零式艦上戦闘機(零戦)。英米のパイロットたちに「ゼロファイター」と恐れられた高性能の戦闘機は日本人の誇りであり、その機体は叡智と技術の結晶だった。

零戦 栄光の伝説

最強の戦闘機とはいったい？

試行錯誤を重ねて完成した零式艦上戦闘機。

日本海軍が、九六式艦上戦闘機を超える戦闘機の開発を開始したのは1937（昭和12）年のことだった。九六式艦上戦闘機は、日本初の全金属製艦上戦闘機で、中国戦線で活躍していたものの、その性能は限界に達しつつあった。

それを克服するために要望された「十二試艦上戦闘機計画要求書」は過酷な内容であった。最高速度は高度4000mで500km/h以上。上昇能力は高度3000mまで3分30秒以内。さらに、空戦性能や離着陸性能も九六式以上が求められたのである。スピードを落とさずに、運動性能も上げるという要求に、三菱重工が単独で開発を行うこと

10

特集 最強の戦闘機 零戦

堀越二郎を中心とした開発者たちは、試行錯誤を重ねて試作機を完成。1940年、すなわち皇紀2600年に完成した十二試艦上戦闘機は、零式艦上戦闘機として制式採用された。

初戦は、その年の9月13日であった。重慶上空における中国軍機との交戦では完全勝利を収めて、その性能を見せつけたのである。太平洋戦争の開戦とともに、零戦は、その本領を発揮した。当時の連合軍の主力であったF4Fワイルドキャットに対し、すべての面で零戦は凌駕していたのである。

しかし、その栄光は続かなかった。物量に勝る連合軍はP-38ライトニングを皮切りに新鋭機を投入し、対抗してきたのである。幾多の敗北を重ねながらも、劣勢の中で戦闘機乗りたちは終戦まで、自らの腕を頼りに戦いを繰り広げたのである。

零戦の誕生から機種の変遷

伝説の戦闘機はこうして作られた!!

大空を飛行する零戦。

　零戦の設計者として知られる堀越二郎。宮崎駿のアニメ『風立ちぬ』のモデルとして、多くの人に、その名を知られるようになったが、彼の参加がなければ、零戦の完成はなかった。

　堀越に課せられた海軍の要求は過酷だった。格闘性能も航続力も、速度も全部を要求されたからである。堀越は、この要求に見事に応えたが、その代わりに実施されたのが徹底した軽量化であった。風防から燃料タンクまで、一切の防弾処理は施されない。それに、自動消火装置も搭載されていない。もちろん、この点については搭乗員からも不安の声が上がっていた。

12

> 特集 最強の戦闘機 零戦

設計者の堀越二郎と設計チーム。

しかし、堀越は自身の設計技術への自信から、戦後の回想でも防弾装備は必要ないものだったとしている。

すなわち、運動性能が向上しており、急旋回などを使えば被弾を十分に回避することができる設計にしてあるのだから、防弾が必要とされるのは搭乗員の練度の問題というわけである。すなわち、堀越自身は、「ある程度の技術を持つ搭乗員であれば、被弾することなく攻撃ができる」との自信を持って、開発をしていたのである。

その自信を裏付けるように、太平洋戦争の緒戦期における零戦は、ほぼ無敵の存在であった。太平洋戦争の開戦から1942年3月のジャワ作戦の終了まで、連合軍機の空中戦での撃墜のうち8割以上が零戦によるものだとされている。フィリピンのアメリカ陸軍航空隊に至っては、零戦によって完全に壊滅したのである。太平洋戦争初期の零戦対連合

東京靖国神社の遊就館に展示されている零戦五二型。

カリフォルニア州にある二二型。

軍のキルレシオは、12対1であったという。

その運命はミッドウェー海戦における日本海軍の敗北とともに暗転した。

この陽動として行われたダッチハーバー空襲に参加した零戦が不時着し、無傷のまま鹵獲されてしまったのである。この機体を研究した米軍は、格闘戦を前提に設計された機体の性能を見抜き、一撃離脱での対決を挑むようになる。さらに、それを可能にするP-38ライトニング、F6Fヘルキャットなどの最新鋭機を投入してきたのである。

零戦は、改良型の三二型・五二型などを投入。五二型の一部では防弾処理が施され性能は上昇していたが、連合軍の新鋭機はそれを完全に凌駕していたのである。

海軍では、連合軍の新鋭機に対抗するべく雷電、紫電、紫電改などの後継機を開発していたが、それらを主力に置き換えるこ

14

特集 最強の戦闘機 零戦

大和ミュージアムの六二型。

とはできず、零戦に頼らざるを得なかったのである。

六二型に至っては、戦闘爆撃機能を強化し、軽戦闘機であるはずの零戦に500キロ爆弾を搭載する改造も行われた。この機体では、追加燃料タンクの装備で航続距離が3000kmを超えたが、本来の機体性能から外れた使い方であることは間違いなかった。爆弾を搭載した零戦の使い道は、特攻への参加であった。高高度性能に問題があり B-29 への対抗は不可能な零戦に残された使い道は、その程度しかなかったのである。結果、特攻において幾ばくかの戦果を上げることができたとされるが、所詮は焼け石に水でしかなかったのである。

零戦があまりに高性能であったため、後継機の開発が遅れ、搭乗員も零戦に慣れすぎてしまった。このことが、日本が敗北したびひとつの原因といっても過言ではない。

零戦のライバルたち

零戦を苦しめたアメリカの戦闘機

まさに「地獄の猫」F6F ヘルキャット。

　零戦の最初のライバルとして登場したのは、米軍のP-38ライトニングだった。戦線に投入された当初、旋回性能が低く、低高度での運動性に劣ったこの機体は、「容易に撃墜できる＝ペロリと食えるP-38」すなわち「ペロハチ」と呼ばれ零戦の敵とは考えられていなかった。ところが、零戦を研究し尽くした米軍が一撃離脱戦法に改めると状況は一変する。上空から急降下で零戦を狙い、そのまま速度差で逃げ切る戦法によって、零戦は追い詰められていくことになる。続いて登場したF4Uコルセアは、零戦よりも優秀ではあったが、扱いの困難な機体であった。加速性能はよいが上層速度が低く、低速時の運動

16

特集 最強の戦闘機 零戦

「ヘルキャットより落しやすい」といわれたF4Uコルセア。

「双胴の悪魔」P-38ライトニング。

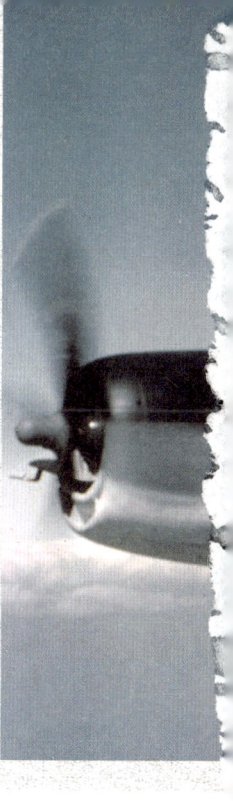

　性能もよくなかった。

　そのため、この機体で零戦をしのぐことができたのは、大戦後半になり零戦の搭乗員が練度の低い者に替わっていってからだとされている。　零戦を圧倒する能力で、もはや時代は変わったと印象づけたのはF6Fヘルキャットの登場である。零戦を意識して開発された機体は、運動性もよく未熟なパイロットでも扱いやすかった。加えて、防弾性能も強化されており、被弾しても生存確率は高かった。

　零戦が格闘戦を前提にして、いいとこ取りをした機体であったのに対して、この機体は、零戦を研究し尽くし、いかに一撃離脱戦法で損害を最小限に抑えて、いかに零戦をたたき落とすかに主眼を置いていたのだ。

　こうした非格闘戦前提で開発された米軍機の登場によって、零戦は完全に追い詰められ、次々と撃ち落とされていったのである。

そして日本は敗戦を迎える──
零戦不敗神話の崩壊

太平洋戦争後期には特攻に使用された零戦。

太平洋戦争後半になると、もはや零戦は半ば撃ち落とされるために出撃しているような状態になってしまった。兵器の能力差をカバーして戦うことができるのは、ベテランの搭乗員だけ。しかも、いかなるエースパイロットであっても、全員が無傷というわけにはいかない。戦いのたびに、その数は減っていく。

そもそも、日本側は搭乗員の養成が泥縄すぎた。1940年下半期から開戦までの予科練習生の数は乙飛・甲飛を合わせて3907人であった。大戦を前にして、この数は圧倒的に少なかった。空母に離着艦できる搭乗員を養成するまで、すなわち新米として戦場に立てるまでに25カ月間を必要としていたから、

特集 最強の戦闘機 零戦

撃墜された零戦（ソロモン諸島にて）。

結局、零戦以上の戦闘機を作ることができなかった日本。

養成する人数の数がそもそも足りなかったのである。戦争に突入すると、これに危機感を抱いた海軍は練習生を大量募集している。1944年の資料ではこの時点で練習機は2000機を超えたとされているが、練習生は11万人を超えており、練習時間はまったく足りなかった。仕方ないので、練習時間を短縮して、飛ぶのがやっとの状態で出撃させるのだから、撃ち落とされるのは当たり前である。とにかく飛び上がることができればよい、特攻は最悪の戦術であるが、もはや、まともな航空作戦は行うことができなかったのである。

零戦の優れた技術力は、今なお日本人の誇りとして多くの人々の心を掴んで離さない。けれども、その優秀さに溺れてしまったことが、太平洋戦争の敗北の原因だったことも忘れてはならない。今また、世界に新たな戦争の雲が巻き起ころうとしている時代。我々は、再び戦争が起きないことを祈るばかりだ。

伝説の零戦パイロット

特集 最強の戦闘機 零戦

ベストセラー小説『永遠の0（ゼロ）』の中にも、実名で登場する伝説の零戦パイロットが、坂井三郎だ。戦後に著した自伝『大空のサムライ』によって、世界的に有名な撃墜王となった。

日中戦争では中国大陸で活躍、第二次世界大戦では零戦を駆って、ソロモン航空戦で34機を撃墜するなどしている。だが、小説の中でも描写があるように、1942年8月、ガダルカナル島での空戦の際機銃の集中砲火を浴び、その一発が頭に命中。右側頭部を挫傷し、左腕は麻痺、計器も満足に見えないという重傷を負いながら4時間にわたり操縦を続け、ラバウルに帰還する。以後は右目の視力を失い、硫黄島での戦い以外にはほとんど参加していない。陥落寸前に本土の教官任務に転属、そのまま終戦を迎えている。

もうひとり、202機撃墜（80機とも）という記録は、日本海軍だけではなく米国陸海軍を含めてもトップ。「最強の零戦パイロット」と呼ばれたのが岩本徹三だ。1943年、ラバウル航空隊に配属され、歴戦の名パイロットたちが次々と失われていく激戦地で奮戦。個人のみならず、編隊戦闘もこなすエースとして活躍する。

少数の戦闘機隊を率いて戦い続け、時には撃墜69対0という信じられない戦果を上げたといわれている。彼の戦法は、通信などを駆使して、優位なポジションに移動し攻撃する、一撃離脱戦法。長髪を許され、「命ある限り戦ってこそ、戦闘機乗りです」と特攻に反論する硬骨漢でもあった。

特集PART.2 大空を支配した優れた戦闘機

世界の名機

第二次世界大戦、ベトナム、朝鮮戦争、冷戦を経て今も進化し続ける世界の戦闘機。卓越した性能を持ち、諸外国にその存在を知らしめ恐れられた機体。ここで紹介するのは誰もが認める歴史に残る名機だ。

いまなお最強を誇る "制空の鷲"

マクダネル F-15 イーグル
アメリカ合衆国
（詳細はP144）

特集　世界の名機

スホーイ Su-27 フランカー
ロシア
（詳細はP278）

進化を続けるロシアの大型戦闘機

日本のマルチロール
ファイター

三菱 F-2 戦闘機
日本
（詳細はP66）

特集 世界の名機

現在も改良が続く
ベストセラー機

**ジェネラル・ダイナミクス F-16
ファイティング・ファルコン**

アメリカ合衆国

（詳細はP146）

軍馬のごとく働いた名機中の名機

マクダネル F-4 ファントムⅡ

アメリカ合衆国

（詳細はP138）

特集　世界の名機

高性能と低コストを高次元で両立

サーブ JAS39 グリペン
スウェーデン王国
（詳細はP358）

仏ミラージュ・シリーズの集大成

ダッソー ミラージュ2000
フランス
(詳細はP306)

特集 世界の名機

ミヤコン MiG-21 フィッシュベッド
ソ連
（詳細はP262）

数々の実戦を経験した旧東側の代表

特集 世界の名機

英独伊共同開発、最後の可変翼戦闘機

パナビア トーネード
英独伊共同開発

(詳細はP374)

第1章
日本の戦闘機

零戦を始め、九六式戦闘機、隼、鍾馗、強風、紫電改、F-4EJ、F-2……。
太平洋戦争から現代に至るまで世界に誇る日本の戦闘機たちを紹介。

海軍最後の制式艦上複葉戦闘機
九五式艦上戦闘機

★★★★★

DATA

採用：1936年1月　乗員数：1名　全長：6.64m　全幅：10.00m　全高：3.07m
重量：1370kg　速力：352km/h　動力：中島「光」一型空冷星型9気筒(730馬力)×1基　武装：7.7mm機銃×2、30～60kg爆弾×2　総生産機数：221機　設計者：―　製造者：中島飛行機

現役後は練習戦闘機として太平洋戦争中期まで使用された。

日本海軍最後の複葉戦闘機。海軍に制式採用された九〇式艦上戦闘機をベースに1933年、大幅な設計変更の指示が出され、翌年試作1号機が完成した。九〇式に比べると機体が一回り大型でエンジン出力も向上したため、最高速度も若干上がっている。ただし、新採用の中島光エンジンが安定せず、他にも改修点が多かったため、制式採用は1936年と遅れることとなった。航続距離不足を補うため採用された落下式増槽は、不時着水時には浮きの代わりも果たすようになっている。翌年には、九六式艦上戦闘機が開発されたため現役期間は短いが、操縦性や整備性に優れており、練習用戦闘機として1942年まで使用されている。

32

第1章 日本の戦闘機

海軍初の全金属単葉戦闘機

九六式艦上戦闘機

★★★★★

DATA
採用：1936年　乗員数：1名　全長：7.56m　全幅：11.00m　全高：3.23m　重量：1216kg　速力：460km/h　動力：中島「寿」四一型空冷星型9気筒（780馬力）×1基　武装：7.7mm機銃×2、30～60kg爆弾×2　総生産機数：約1000機　設計者：堀越二郎　製造者：三菱航空機

連合軍から『クロード』と呼ばれた、堀越二郎設計の名機。

設計、主務者は、のちに零式艦上戦闘機を世に送り出すことになる堀越二郎。それまで、空母での発着や海上での運用など多くの制約があった艦上機に対し、日本海軍が中島と三菱に制約にとらわれず速度と上昇力を重点においた開発を依頼。三菱は、七試艦戦を基本に数種類エンジンを試し、同時に空気抵抗を減らす沈頭鋲を採用するなどした改良を加え、海軍が要求した最高速度を100km/hも上回る機体を完成させた。これは日本初の全金属製単葉戦闘機であり、純国産ながら当時の世界水準を超えたレベルだったのである。1936年に制式採用され、日中戦争で活躍、制空権を掌握する原動力となる。

九七式戦闘機

日本陸軍を代表する戦闘機のひとつ

水平面の格闘戦では圧倒的な強さを見せた。

海軍の九六式艦上戦闘機に遅れをとった陸軍は、1935年、中島、三菱、川崎の3社に対し、九五式戦闘機の後継となる主力戦闘機の競争試作を指示する。その中には、低翼単葉で格闘性能に優れるという条件が含まれていた。

九六式艦上戦闘機に刺激を受けていた中島は、のちに「隼」「疾風」といった名機を生み出すことになる小山悌技師を中心に全社を挙げて開発に着手、試作機「キ27」を完成させる。結果、最高速度は川崎が製作した試作機「キ28」に劣るものの、陸軍側が重視した格闘性能をはじめとする基本性能が評価され、1937年に九七式戦闘機と

DATA

★★★★★★★★

採用：1937年　乗員：1名　全長：7.53m　全幅：11.31m　全高：3.25m　重量：1110kg　速力：468km/h　動力：中島九七式（ハ1乙）空冷星型9気筒（610馬力）×1基　武装：7.7mm機銃×2、25kg爆弾×4　総生産機数：3386機　設計者：小山悌　製造者：中島飛行機

第1章 日本の戦闘機

して制式採用されることとなった。以後、陸軍機は中島飛行機が開発の主体を担っていくようになるのである。

本機は採用後ノモンハンの戦場へ送られ、ソ連軍との空中戦においてその性能を遺憾なく発揮した。徹底した軽量化のために、左右の主翼を一体構造とし、胴体を前後に分割。主翼上に操縦席を含む胴体中央部を載せて、機体後部をボルトで結合するという構造は、以後の日本陸海軍の標準技法となっていく。そして、その卓越した運動性能に脅威を感じた各国では、以後、こぞって新型戦闘機の開発に乗り出すこととなった。

しかし、当機の運動性があまりに優秀であったことが、陸軍飛行部隊の前線指揮官の中に、格闘戦重視の風潮を生み出したともいわれている。太平洋戦争開戦期にかけて、総計で3000機以上が生産されたといわれ、日本陸軍を代表する機体のひとつ。操縦も比較的容易だったため戦争末期には特攻機としても使用されている。

一式戦闘機 隼 (はやぶさ)

5700機生産された陸軍を代表する戦闘機

南方作戦を成功させ、太平洋戦争初期には多大な成果を上げた。

一式戦闘機「隼」の一型は、日中戦争が始まった1937年に開発が始まった。陸軍からは、九七式戦闘機以上の操縦性能と空中戦能力に加え、速度と航続距離の向上が求められる。中島では、九七式と同様小山技師を中心として設計が進められ、翌年末に試作機を完成させた。

しかし、試作機においては、航続距離や速度で上回ったものの、運動性能は九七式に及ばず模擬空戦に勝てなかった。そのため、一時は採用が見送りとなるが、改良を重ね、後年ロケット工学者として有名になる糸川英夫(いとかわひでお)技師考案の「蝶型空戦フラップ」などの新技術を盛り込み性能を向上さ

DATA
★★★★★★★★

採用：1936年　乗員数：1名　全長：8.83m　全幅：11.437m　全高：3.085m　重量：1580kg　速力：495km/h　動力：中島九九式(ハ25)空冷複列星型14気筒(980馬力)×1基　武装：7.7mm機銃×1、12.7mm機関砲(後期)×2、15〜30kg爆弾×2　総生産機数：5751機　設計者：小山悌　製造者：中島飛行機、立川飛行機

第1章 日本の戦闘機

戦後、インドネシア軍に使用された一式戦闘機二型。

せていく。日中戦争の激化に伴い南方作戦への長距離戦闘機投入の必要性が高まったこともあり、1941年4月に制式採用されることとなった。

第二次世界大戦開戦初期、配備された東南アジアの戦場で、本機は多大な成果を上げる。これは、当時進出した戦場に連合国側が2線級の機体しか配備していなかったことと、本機を駆る搭乗員たちの高い技量によるものが大きい。「加藤隼戦闘隊〈飛行第64戦隊〉」が勇名を轟かせたのもこの頃である。しかし、当時の多くの日本軍機と同様、軽量化のための機体の強度不足、防弾装備の不足に悩まされるようになる。武装も、主翼中に余裕がなかったため機関砲が仕込めず、機首のみの装備となり、対大型機の空中戦には不利だった。そのため、大戦中盤以降は劣勢となり、末期には多数が特攻機として使用されている。それでも、改良を続けながら大戦末期まで生産が行われ、全タイプを通じての生産数は、日本第2位の5700機余りに上った。

37

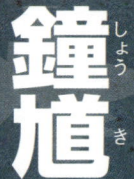

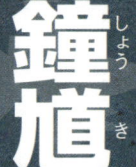

二式単座戦闘機 鐘馗(しょうき)

B-29にも有効な大火力を備えた重戦闘機

戦争末期の爆撃機迎撃戦といった本土防衛で真価を発揮した。

1937年にキ43一式戦闘機(のちの隼)開発を中島に命じた陸軍は、同時に機関砲装備で速度重視の重戦闘機試作も依頼していた。これは、スピードと上昇力そして強力な武装を活かし、有利な位置から急襲を加えて飛び去るという、一撃離脱法の戦闘に沿った設計思想が必要となる。日本は伝統的に格闘戦重視の風潮が強く、旋回能力重視の戦闘機が主流を担っていた。しかし、運動性能を活かすための貧弱な武装では、将来の航空戦に展望が得られないことは明らかだったのである。

この二式戦キ44には、伝統的な戦術思想に左右されず、設計主務小山悌技師長を主導とした糸

DATA
★★★★★★★★

採用：1942年 乗員数：1名 全長：8.75m 全幅：9.45m 全高：2.90m 重量：2095kg 速力：605km/h 動力：中島二式（ハ109）空冷複列星型14気筒（1500馬力）×1基 武装：7.7mm機銃×1、12.7mm機関砲×2、250kg爆弾×1 総生産機数：1227機 設計者：小山悌、森重信、内田政太郎、糸川英夫 製造者：中島飛行機

第1章 日本の戦闘機

　川英夫技師ら若い技術者たちの発想が反映されている。強大なエンジン、ファウラー式蝶型フラップや近代的キャノピーの採用、操縦席後方に13mmの防弾鋼板を装備したのも、日本の戦闘機としては初めてのことであった。

　1940年に試作機が完成し、テストを敢行。だが、当然のことながら旋回性能で他の日本機に劣り、また離着陸時の視界不良や着陸速度等に不満が噴出して実用テストが長引くこととなる。だが、当時ヨーロッパで活躍していたドイツ軍のメッサーシュミットBf109E-7との比較審査で、総合的性能が上回ることが実証されたため1942年に二式単座戦闘機、愛称「鍾馗」として制式採用されている。軽戦闘機が大半であった日本軍機の中で、B-29にも有効な大火力を備えた本機は一部に歓迎されたものの、保守的な陸軍首脳部からの評価は低かった。その真価が発揮されたのは、爆撃機迎撃戦の本土防空の際である。しかし、時すでに大戦末期であった。

二式複座戦闘機 屠龍(とりゅう)

都市の夜間防衛に成果を上げた双発戦闘機

1930年代の後半、爆撃機の航続距離が延びるに従い、それに随伴し長距離護衛をこなせる万能型双発戦闘機の開発が世界で競われた時期があった。日本でもその流れをくみ、陸軍初の双発重戦として、川崎航空機に「キ45」の開発が命じられる。陸軍の要求の主なものとしては、最高速度540km/h、航続距離800kmで進出して空中戦が行えること、さらに強力な兵装などであった。当初のキ45試作機は、その条件を満たすことができずに採用が見送られるが、その後機体や動力を含め、ほぼ新設計となるキ45改を新たに開発し、大幅な進歩を遂げた機体は条件をクリアし、

★★★★★★★
DATA
採用:1942年2月 乗員数:2名 全長:10.26m 全幅:14.50m 全高:3.57m 重量:2500kg 速力:540km/h 動力:中島「ハ20乙」空冷星型9気筒(820馬力)×2基 武装:7.92mm機銃×3、20mm機関砲×1 総生産機数:1690機 設計者:土井武夫 製造者:川崎航空機

第1章 日本の戦闘機

大火力を活かした豊富な兵装を有していた。

1942年に二式複座戦闘機「屠龍」として制式採用されることとなる。しかし、前線に投入された屠龍は、運動性能の勝る敵戦闘機との格闘には不適とされた。もっぱら機関砲や爆撃兵装を活かして地上目標を攻撃する襲撃機として、また防空戦闘や対艦戦闘爆撃機として使用されている。

本機は、大火力を活かし兵装のバリエーションが豊富なことも特徴のひとつ。初期の量産型である甲型は、機首に機関砲2門、胴体下面に1門、後部座席に7・92mm旋回機関銃一挺を装備。B-17爆撃機に対抗するため、胴体下面に37mm戦車砲を装備した乙型や、二式襲撃機と呼ばれた機首に37mm機関砲、胴体下面に20mm機関砲を各1門搭載した丙型など、その種類は実践機だけでも甲から戊までの6タイプが存在した。中でも、大戦末期の対B29本土防空戦では、操縦席と後部座席の間に、20mm固定機関砲を斜め上向きに装備。都市の夜間防戦闘の主力機として、多くの戦果を上げている。

水上基地の防空任務で活躍した水上戦闘機

二式水上戦闘機

戦争末期には特攻隊に転用された機体も。

1940年、日本海軍は南方作戦の準備として性能の優れた水上戦闘機を採用することを検討する。水上戦闘機ならば飛行場がなくても迎撃、制空などの任務を果たせる。これは、太平洋の孤島に飛行場を造ってしまうアメリカに抵抗するための、苦肉の策でもあった。そして、その際に機体を新規に設計するのではなく、零式艦上戦闘機をベースに短期間に開発することを優先。水上機設計に経験の深い中島に試作を命じたのである。
中島では、三竹忍技師を設計主務に配し、零式一一型の機体をベースとした試作機に着手。発動機や武装などはそのままで、大型の単フロートと

★★★★★★★★
DATA
採用：1942年2月　乗員数：1名
全長：10.13m　全幅：12.00m
全高：4.30m　重量：1921kg
速力：435km/h　動力：中島「栄」12型空冷星型14気筒（940馬力）×1基　武装：7.7mm機銃×2、20mm機関砲×2、30〜60kg爆弾×2　総生産機数：254機　設計者：三竹忍　製造者：中島飛行機

第1章 日本の戦闘機

補助フロートが装備された。単フロートには燃料タンクが内蔵され、空気抵抗増加に伴う航続距離低下を補った。また、重量バランスの変化に対応するため垂直尾翼面積の増加や、胴体後方下部に安定ひれを追加するなどの改良が行われている。

こうした甲斐があり、約11カ月の短期間で完成した試作1号機は、零式と比較しても性能低下は意外に少なかった。戦闘機としての能力に遜色はなかったのである。同時期、各国でも水上戦闘機は様々計画されたが、本機ほど成功した機体はなく、世界有数の性能を誇る水上戦闘機だったのは間違いないところだろう。

多少の速度低下はあったものの、本機は世界最高水準の格闘戦闘機である零式艦上戦闘機から受け継いだ運動性を駆使し、アリューシャン列島やソロモン群島などの水上基地の防空任務で大いに活躍した。だが、日本の敗色が濃くなり戦線が縮小されるに従って、その必要性が希薄となり、1943年に生産を終了している。

43

三式戦闘機 飛燕(ひえん)

唯一液冷エンジンを搭載した戦闘機

ニューギニアやフィリピンなどで連合軍と戦い、本土防空戦にも投入された。

第二次大戦中、戦闘機には運動性を重視した軽戦闘機と、高速重武装を施し、一撃離脱戦法を重視した重戦闘機型が存在した。1940年、陸軍は川崎航空機に対し、ドイツのダイムラー・ベンツ社製DB601液冷エンジンをベースに国産化したハ40を搭載する、この2つのタイプの戦闘機開発を指示する。

これに対し、川崎が「軽戦闘機よりも運動性が落ちるものの、重戦闘機の装備を持ち諸外国のいかなる戦闘機にも勝利することができる」という設計コンセプトのもと「中戦」として開発したのが、本機の原型となる軽戦闘機型キ61であった。

★★★★★★★★
DATA

採用:1943年 乗員数:1名 全長:8.94m 全幅:12.00m 全高:3.70m 重量:2630kg 速力:590km/h 動力:川崎二式(ハ40)液冷倒立V型12気筒(1100馬力)×1基 武装:12.7mm機関砲×2、20mm機関砲×2 総生産機数:3150機 設計者:土井武夫 製造者:川崎航空機

第1章 日本の戦闘機

結局、先に完成した重戦タイプのキ60は、運動性で不具合が指摘され不採用となる。だが、キ61は最高速度591km/hを記録 旋回性能や模擬空戦でも優秀さを示して制式採用となった。こうして、1943年、三式戦闘機「飛燕」が誕生した。

南方戦線に配備された飛燕は、連合国空軍の新型機とも互角に渡り合える優秀機だった。しかし、エンジンが複雑なためトラブルが多く、前線では稼働率が低いという弱点を露呈する。整備員の技量の未熟さとともに、工作精度が低い部品の材質の悪さがそれに拍車をかけた。のちには、液冷エンジンの生産が間に合わず機体ばかりが余る状態となり、それに空冷エンジンを換装した五式戦闘機が開発されるようになっていった。

本土決戦においては、爆撃機の迎撃のために出撃したが、時すでに遅く、戦局の大勢は決していた。日本唯一の量産型液冷戦闘機は、動力の不調や生産性に悩まされ続け、真の実力を発揮できぬまま終戦を迎えたのである。

堀越二郎設計の局地戦闘機

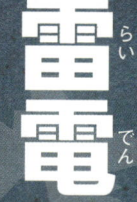

局地戦闘機 雷電(らいでん)

B-29キラーと呼ばれた雷電。

航空母艦での運用を中心に開発されてきた海軍戦闘機だったが、日中戦争の教訓から基地防空のための迎撃機の必要性に迫られる。雷電は、航空基地周辺を自ら守るという建前から「局地戦闘機」というコンセプトで開発を短時間で到達する上昇力、高速の相手に追いつく速度、一撃で殲滅できる強力な火力という3つであった。

こうした命を受けた三菱では、零式艦上戦闘機の主務者であった堀越技師を中心に開発を開始する。しかし、大出力かつ大直径の「火星」発動機を搭載することから数々の問題が生じてくる。空

★★★★★★★★★
DATA
採用：1944年 乗員数：1名 全長：9.69m 全幅：10.80m 全高：3.875m 重量：2348kg 速力：587km/h 動力：三菱「火星」二三型甲空冷星型14気筒（1800馬力）×1基 武装：20mm機銃×4、30〜60kg爆弾×2 総生産機数：621機 設計者：堀越二郎 製造者：三菱重工業

46

第1章 日本の戦闘機

気抵抗の減少を図るために胴体の中央部に最大太をおき、約500mmの延長軸と強制冷却ファンを必要としたため、視界の不良と振動などの不具合が起こる。また、ハミルトン式からVDM式に変更したプロペラや水エタノール噴射を用いた動力などの新技術の不安定さも手伝い実用化が遅延する。結果、それらを克服して制式採用されたのは1944年。完成まで、4年の月日がかかってしまったのである。

雷電の上昇性能と火力は、日本戦闘機の中でも最高レベルを誇り、零式に代わる次期主力戦闘機としての期待は大きかった。しかし、審査をパスした視界不良や振動の問題で、現場のパイロットから不満が続出。増産計画は白紙に戻されている。その真価が改めて見直されるようになるのは、本土にB-29が来襲するようになった大戦末期のこと。優れた上昇力と高空性能、そして強力な火力を持つ雷電は、祖国防衛の最後の盾として大空へ飛び立つのだった。

水上戦闘機 強風
きょうふう

「紫電」「紫電改」の基になった高速水上戦闘機

局地防衛用に開発されたが、特筆すべき成果は上げられなかった。

　局地防衛を主な任務とする局地戦闘機としての性能を求めて、水上戦闘機「強風」は設計開発されている。速度と上昇力、そして火力も含めた戦闘力は、陸上戦闘機と互角に戦えることが想定されていたのである。
　そのため、1940年に開発を依頼された川西では、当時最強のエンジンといわれた三菱「火星」を搭載。フロート付きとなるハンデを克服するために、当初は回転トルクを解消する二重反転プロペラを採用した。さらに、空戦時にファウラーフラップを用いて旋回性能を向上させる独自技術「空戦フラップ」など、可能な限りの新技術を盛

★★★★★★★★★
DATA
採用：1943年　乗員数：1名　全長：10.58m　全幅：12.00m　全高：4.75m　重量：2700kg　速力：482km/h　動力：三菱「火星」一三型空冷複列14気筒(1500馬力)×1基　武装：20mm機銃×2、7.7mm機銃×2、30kg爆弾×2　総生産機数：97機　設計者：菊原静男　製造者：川西航空機

48

第1章 日本の戦闘機

り込み、陸上機と同等の格闘性能を発揮できるように試みたのである。

しかし、戦闘機としては不向きであるとして、試作2号機からは二重反転プロペラに改められるなど、要求を満たせずに実用化は遅延。制式採用は、1943年12月になってからのことであった。

開戦当初、二式水戦などが大いに活躍した南方の戦場だったが、ガダルカナル島放棄以後制空権を失った日本軍において、水上戦闘機が活躍する場は失われていた。従って、100機程度が生産され、インドネシアやマレー半島沖に配備された水上戦闘機「強風」は、さしたる成果を上げていない。また、本土では、佐世保航空隊や大津航空隊に配備され防空任務を担うも、その成果に特筆すべきものはなかった。

しかしながら、この機体を基に陸上戦闘機「紫電」「紫電改」が誕生したことは、本機の基本設計の優秀さを示すものだといっていいだろう。

夜間戦闘機 月光(げっこう)

B-29の夜間本土空襲から首都を防衛した夜間戦闘機

厚木基地に配備され、一晩に5機を撃墜したことも。

夜間戦闘機「月光」は、本来陸上基地から敵艦隊を攻撃する、陸攻援護用の長距離戦闘機として開発された。だが、運動性とともに航続距離を求めた海軍の過大な要求は、全備重量7トン近い巨体ではいかんともしがたく、また新機構に不備も抱えていたため、戦闘機として使用するには性能不足と判断される。そのため、ひとまず二式陸上偵察機として採用されることとなった。

転機が訪れたのは、B-17の夜間爆撃に悩まされていた1943年のラバウル。第251海軍航空隊司令・小園安名中佐(当時)が試験的に斜め上方(または下方)に固定した機銃を装備した

DATA
★★★★★★★★★
採用：1943年 乗員数：2名 全長：12.13m 全幅：17.00m 全高：4.56m 重量：4857kg 速力：535km/h 動力：中島「栄」二一型空冷星型複列14気筒(1115馬力)×2基 武装：20mm機銃×2～3、500kg爆弾×1 総生産機数：477機 設計者：中村勝治、大野和男 製造者：中島飛行機

第1章 日本の戦闘機

夜間戦闘機型を製作。B-17の後下方死角から攻撃し、瞬時に2機を撃墜するという戦果を上げる。これを機に、海軍中央部は二式陸上偵察機全機の改修を指示。後部胴体に、上下各2門の20㎜機関砲を装備した、夜間戦闘機「月光」が制式採用されることとなったのである。

以降、南方などで大型爆撃機迎撃に威力を発揮した月光は、B-29の夜間本土空襲に対しても使用される。しかし、レーダー装備機が不足し、また搭載機のレーダーも連合国側に比べて低性能のため、地上からの無電と肉眼を頼りに夜空で戦わなければならなかった。もともと、上向き斜銃搭載理由は、月明かりを背景に上空の敵機を捕捉しやすいためだが、高高度を飛来するB-29に対してはもはやなす術がなかったのである。

ただし、大戦末期、夜間に焼夷弾投下のため低空進入したB-29を、厚木基地から出撃した月光が迎撃。多数撃墜した事例も報告されている。

局地戦闘機　紫電(しでん)

「強風」を設計変更し開発された局地戦闘機

大戦も後半を迎えると、さしもの零式艦上戦闘機も、大馬力重武装の連合国空軍に押され、活躍の場を失いつつあった。日本海軍は、戦況を打開するため後継機ともくろむ十四試局地戦闘機(のちの雷電)の開発を進めるが、トラブル続きで実用化が遅延する。そんな折、水上機メーカーの名門であった川西航空機から、自社開発の水上戦闘機「強風」を設計変更し、短期間で陸上戦闘機を開発するという案が打診されたのだ。

海軍は、雷電に求めた局地戦闘機の条件を川西に指示、開発が始まった。動力には「火星」に代え、当時最新型の2000馬力級エンジン「誉」を搭

DATA
★★★★★★★★
完成：1942年2月　乗員数：1名　全長：8.88m　全幅：12.00m　全高：4.05m　重量：2897kg　速力：583km/h　動力：中島「誉」ニ一型空冷星型複列18気筒(1990馬力)×1基　武装：7.7mm機銃×2、20mm機銃×2、60〜250kg爆弾×6　総生産機数：1007機　設計者：川西龍三　製造者：川西航空機

第1章 日本の戦闘機

零戦の後継機として期待されたが……。

載。「強風」の空戦フラップをさらに進化させた「自動空戦フラップ」も盛り込まれ、1942年に試作1号機が完成する。しかし、いざテストを行うと解決すべき問題が山積みだった。

新開発の「誉」エンジンは故障が多く、扱いが非常に難しい。また、機体の設計は「強風」を引き継いだため、主翼が胴体の中央にある中翼配置だった。水上なら問題ないが、陸上では離着陸時に前下方視界が悪くなる。さらに、中翼位置からの主脚が長くなり、短縮してから格納するという複雑な駆動に不具合が続出した。それでも、採用の方向で、改修を続けながら生産となる戦闘機不足が深刻化していたからだろう。稼働率の低さと数々の不具合に悩まされながらも「紫電」は1944年に制式採用となる。高い高速性能とともに、のちには20㎜機関砲を4門搭載、完備された空戦性能は、当初は連合国側からも脅威と受け止められていたようだ。

局地戦闘機　紫電改(しでんかい)

F6ヘルキャットと互角の戦闘能力を持った戦闘機

試作段階から改善されない紫電の問題点を、海軍も川西も手をこまねいて見ていたわけではなかった。軍からは、紫電試作時の1943年から、早くも改良型「仮称一号局地戦闘機改（N1K2-J）」の開発命令が出ている。川西ではそれを受け紫電の問題点を、そもそも「強風」の機体を安易に流用したことにあると考え徹底的な設計の見直しを行うのである。

それは、長脚からくる引き込みトラブルを解消し視界を確保するため、中翼を低翼に変更。直径118cmという「誉」エンジンに合わせて胴体を絞り、後部を40cmほど延長して方向舵を拡大する

DATA
★★★★★★★★★

採用：1945年1月	乗員数：1名
全長：9.34m	全幅：12.00m
全高：3.96m	重量：2660kg
速力：594km/h	動力：中島「誉」二一型空冷星型複列18気筒（1990馬力）×1基
武装：20mm機銃×4、250kg爆弾×2	
総生産機数：415機	設計者：川西龍三
製造者：川西航空機	

54

第1章 日本の戦闘機

紫電改は当時の日本軍の最新技術が集結した戦闘機だった。

終戦まで本土防空の任務についた紫電改。

など多岐に及んだ。加えて、4万数千に減らすことにより、生産性の向上も図っていた。こうして、そのまま使用されたのは翼のみという、別機のごとく生まれ変わった「紫電改」が誕生する。その開発期間わずか10カ月ということは、まさにエンジニアたちの不眠不休の努力のたまものだったといえるだろう。最新技術が盛り込まれた試作機は、速力、上昇力、格闘力のすべての面で素晴らしい結果を残し、1945年に「紫電改」として制式採用されるのである。

大戦末期だったため、本機は外地には送られずすべてが本土防空に投入された。中でも有名なのは、四国愛媛松山基地に展開された三四三航空隊だ。源田実大佐率いる熟練の精鋭部隊は、最新鋭の「紫電改」を駆り米戦闘機相手に互角以上の戦いを演じ、時には驚異的な勝利を収めている。

これは、本機が当時の敵新鋭機グラマンF6Fヘルキャットとも互角に渡り合える戦闘能力を備えていたことを証明する事例である。

55

四式戦闘機 疾風(はやて)

真の実力を見せられなかった日本最速の戦闘機

中島飛行機の集大成といえる傑作戦闘機。

中島飛行機が最後に送り出した高速重戦闘機が、陸軍四式戦闘機「疾風」だ。1941年、陸軍は中島に「鍾馗」の後継機開発の指示を出す。その要求は厳しく「鍾馗」を上回る上昇力とスピード、「隼」を超える運動力と航続力が求められた。12・7mm機銃2挺、20mm機関砲2門を装備し、最高速度は680km/h以上、防空、制空、襲撃など、あらゆる場面に使用できる万能戦闘機の開発というものであった。

この過酷な条件に対して、中島技術陣は小山悌技師長を主任に総力で対処。最強の2000馬力エンジン「ハ45」を採用し、以前に設計された「隼」

★★★★★★★★
DATA
採用:1944年4月 乗員数:1名
全長:9.92m 全幅:11.2m
全高:3.38m 重量:3890kg(全備)
速力:624km/h 動力:中島四式ハ-45(1900馬力)×1基
武装:20mm機関砲×2、12.7mm機関砲×2 30〜250kg爆弾×2
総生産機数:3000機 設計者:小山悌 製造者:中島飛行機

56

第1章 日本の戦闘機

「鍾馗」を踏襲した機体設計を行う。世界最速、重武装に加え、防弾防火装備を重視した最強戦闘機を目指したのだ。試作機は1943年3月に完成し、テスト飛行では最高速度624km/hに達する素晴らしい性能を示した。開発を順調に進めるため、試作機は100機程製作された。

こうして、1944年に四式戦闘機「疾風」として制式採用された本機は、フィリピンに配備され、台湾、沖縄そして本土防空戦に出撃する。だが、新型エンジン「ハ45」はハイオクガソリンの使用を前提としたため扱いが難しく、新機構のプロペラ動力系統も故障が相次ぐ。その上、疲弊した国力のもと工業部品の品質低下は否めず、熟練整備工の不足とも相まって、稼働率の低さに悩まされた。大戦末期には、本来の性能を出せる機体は、ほとんどなくなっていたといわれている。

戦後に米国が行った試験飛行において、その性能の高さを実証した「疾風」。それは、真の実力を見せられなかった日本最速の戦闘機である。

五式戦闘機

終戦直前において登場した陸軍最後の主力戦闘機

本土防衛、南方戦線で活躍した。

　五式戦闘機は、制式採用ではないという説がある。事実、陸軍の公式記録にはキ100と記されているだけだ。これは、本機がそもそも五式戦闘機として開発されたものではないことに由来しているのである。
　1944年、陸軍で制式採用された三式戦「飛燕」は、唯一の液冷エンジン「ハ140」を搭載した主力戦闘機となるはずであった。しかし、機体が完成しても、搭載するはずのエンジンに不備が多く量産が思うように進まない。工場の外には、エンジンの到着を待つ、いわゆる「首無し機」が大量発生するという異常事態が発生していた。

DATA

採用：― 乗員数：1名 全長：8.82m 全幅：12.00m 全高：3.75m 重量：2525kg 速力：580km/h 動力：三菱ハ-112-Ⅱ空冷星型複列14気筒（1500馬力）×1基 武装：20mm機関砲×2、12.7mm機関砲×2、250kg爆弾×2 総生産機数：393機 設計者：土井武夫 製造者：川崎航空機

第1章 日本の戦闘機

業を煮やした軍は、この機体に空冷エンジン「ハ112-Ⅱ」を換装することを指示する。改修は機首及び胴体前部に集中し、特に難しかったのはエンジン外径と機体幅がまったく異なることだった。だが、液冷エンジンに合わせ幅を絞っていた機体との段差を、新たな外装を肉付けする形で克服。試作1号機は1945年1月に完成する。

この機体が、綿密な風洞実験などが大幅に省略されたぶっつけ本番の状態ながら、模擬空戦において日本陸軍機のトップクラスの性能を披露。軽快な運動性と零式戦以上の速度をマークし、川崎技術陣と軍部を驚かせたのである。

こうして配備された五式戦闘機は、最高速度こそ劣るものの、低高度域であれば、エンジンの馬力と軽量の機体にものをいわせた空中機動で、迎撃戦にも十分対抗した。また、整備兵にとっても空冷エンジンは扱いやすいため、生産数は少ないながらその稼働率は高かったのだ。終戦直前、五式戦闘機は陸軍最後の主力機だったのである。

59

F-4EJ改ファントムⅡ

5000機以上生産された傑作ジェット戦闘機

尾翼に「黒いカエル」が象徴的な新田原基地第5航空団第301飛行隊。

F-4EJ改ファントムⅡの原型機は、米マクドネル社(のちのマクダネル・ダグラス社)が、米海軍初の複座双発艦上戦闘機として開発した。本国アメリカをはじめ各国で採用され、東西冷戦時代には西側諸国を代表する戦闘機のひとつとなっている。1960年から運用が始まり、ベトナム戦争では北ベトナム軍のソ連製戦闘機と戦っている。開発時は対空ミサイルを主装備とする設計思想により機銃を装備していなかったが、のちに20mm機関砲を装備するようになった。

本機は高出力エンジンを2基装備したため、エンジンが片方被弾しても飛行が可能なほか、多彩

DATA
★★★★★★★★★☆

採用:1968年10月 乗員数:2名
全長:19.20m 全幅:11.70m 全高:5.0m 重量:26000kg(全備)
速力:2370km/h 動力:ジェネラル・エレクトリックJ79-IHI-17×2 武装:20mm機関砲×1、誘導ミサイル 設計者:― 製造者:マクダネル社

60

第1章 日本の戦闘機

な兵装搭載能力と汎用性が特長。海外11カ国で使用されたが、そのほとんどは機首に20㎜機関砲を積んだF-4Eやその派生型となっているほか、機関砲の代わりにカメラを積んだ偵察型RF-4C/Eも使用。F-4EJと呼ばれるものは、F-4EにBADGE(自動防空警戒管制システム)のデータリンクを搭載、胴体背面の空中給油リセプタクルを地上給油用に改めたモデルである。

航空自衛隊では、F-86戦闘機の後継として採用し、F-4EJとして1971年に配備を開始している。マクダネル・ダグラスから輸入した完成機に加え、三菱重工がノックダウン、及びライセンス生産する形で計140機を配備。さらに、1982年からはF-4EJの寿命延長並びに能力向上計画が開始され、レーダーFCS、無線機、レーダー警戒装置を換装するなど、主に電子装備をグレードアップしたF-4EJ改が登場するようになった。総生産数は5000機を超えるという、傑作ジェット戦闘機のひとつである。

F-15J／DJ戦闘機

対格闘空戦能力では無敵を誇る戦闘機

「近代化改修」が施された改良型のF-15J。

F-15J／DJ戦闘機の原型F-15の初飛行は1974年、製造は現ボーイング社となっている米マクダネル・ダグラス社である。

F-15は、空戦における格闘空戦能力を重視した戦闘機だ。その設計には、ベトナム戦争における教訓が数多く反映されている。前世代のF-4が登場したとき、対空ミサイルの性能進化によって、将来の空戦はミサイルの撃ち合いで勝負が決するといわれていた。しかし、ミサイルは万能ではなく、ベトナム戦争でF-4はMiG21の格闘性能に苦戦したのだ。これを活かし、本機は強力なレーダーと射程の長い対空ミサイルを装備した

★★★★★★★
DATA
採用：1980年2月　乗員数：1〜2名　全長：19.4m　全幅：13.1m　全高：5.6m　重量：25000kg（全備）　速力：2656km/h　動力：F100-PW(IHI)-100×2基　武装：20mm機関砲×1、レーダー誘導ミサイル×4発、赤外線誘導ミサイル×4　設計者：—　製造者：ボーイング、三菱重工業

第1章 日本の戦闘機

航空自衛隊では、1980年より導入を開始。機体は、三菱重工をはじめとする国内企業によってライセンス生産された。現在、主力戦闘機として全8個の飛行隊と、その他飛行教導隊などに約200機が配備されている。誕生からすでに30年以上が経過しているものの、基本設計の優秀さは変わらず、レーダーをはじめとする電子機器、搭載装備をアップデートしながら、現在も主力であり続けている。

ちなみに、F-15Jは単座型、DJは複座型を表す。米空軍および航空自衛隊では別名イーグルと呼ばれ、それを駆るパイロットたちは俗に「イーグルドライバー」と呼ばれている。

上、大推力のエンジンと表面積の大きな主翼による高い運動性能も備えている。炭素繊維複合材などの最新の構造部材を採用、強靭で安定性の優れた戦闘機として完成されたF-15は、対格闘空戦能力では無敵を誇る。実際、初飛行以来今日まで、実戦で撃墜された例は皆無となっているのだ。

F-1支援戦闘機

大戦後初めて日本が独自開発したジェット戦闘機

尾翼にラストイヤーの記念塗装をした267号機。

F-2が配備される前、航空自衛隊が運用していた国産双発式ジェット戦闘機(戦闘爆撃機)がF-1支援戦闘機である。この時期、航空自衛隊には「支援戦闘機」という区分があったのだ。現在では「要撃」や「支援」という区分は扱われなくなったため、防衛省の資料では単に「戦闘機」と称されるようになっている。

原型となったのは、三菱重工業が製造したT-2高等練習機。当時、戦闘機パイロットを養成する練習機は、第一線を退いたF-86Fセイバー戦闘機だった。しかし、セイバーは操縦の易しい亜音速機でレーダーも持っておらず、いざ実戦と

★★★★★★★★
DATA

採用:1977年 乗員数:1名 全長:17.85m 全幅:7.88m 全高:4.45m 重量:13700kg(全備) 速力:1930km/h 動力:IHI TF40-IHI-801A ×2基 武装:20mm機関砲×1 総生産機数:77機 設計者:- 製造者:三菱重工業

64

第1章 日本の戦闘機

なったらF-4EJファントムとの能力格差も大きい。そのため、パイロットの円滑な養成が難しいという状況に陥っていたのである。

そこで、実用機と練習機との間を埋める高等練習機が必要となり、日本の技術向上も視野に入れた国産開発へと舵を切る。平和憲法のもと、戦闘機を開発するのが憚られる問題は、練習機の開発という名目で克服した。F-1は、T-2高等練習機をベースに、第二次世界大戦終結後初めて日本が独自開発したジェット戦闘機だ。

基本設計は変わらないが、後席をつぶして電子機器室としたほか、レーダー警戒装置などの電子機器を追加。開発当初から対艦ミサイルとの組み合わせによる対艦攻撃を想定し、国産の空対艦ミサイル「ASM-1」の搭載能力を有した。また、配備開始後にGCS-1（91式爆弾用誘導装置）の運用能力が付加されている。しかし、アップデートが行われず、電装品を中心に陳腐化が目立つようになり、2006年に退役している。

F-2戦闘機

世界でもトップクラスの実力を持つ平成の零戦

青色の洋上迷彩の築城基地第8航空団第6飛行隊所属機。

現在、航空自衛隊でF-15J/DJ戦闘機とともに運用されているのが、F-1戦闘機の後継にあたる対艦、対地攻撃を主任務としたF-2戦闘機だ。開発当初は完全な国産を計画していたものの、1980年代当時は日米貿易摩擦最盛期。ジャパンバッシングの影響もあり、政治的な判断から純国産は断念される。結果、米ロッキード・マーチン社のF-16戦闘機をベースとした、日米共同開発という形に落ち着いた。

しかし、外観こそF-16を大型化したかのような形状になっているが、その中身は国土と運用構想に基づく、日本独自の技術が多数盛り込まれて

★★★★★★★★★★
DATA
採用：2000年 乗員数：1～2名
全長：15.5m 全幅：11.1m 全高：5.0m 重量：2200kg（全備） 速力：1890km/h 動力：ジェネラル・エレクトリックF110-GE-129×1基
武装：20mm機関砲、空対艦ミサイル、誘導ミサイル、レーダー誘導ミサイル 総生産機数：94機 設計者：― 製造者：三菱重工、ロッキード・マーチン社

第1章 日本の戦闘機

いるのが特徴だ。純国産技術である、従来の航空機用構造金属より高強度で軽量の炭素繊維強化複合材による、一体成型翼。また、操縦性に優れる国産デジタルFBW（フライ・バイ・ワイヤ＝航空機の操縦・飛行制御システム）や、量産機では世界初搭載となる多目標に対応可能なアクティブ・フェイズド・アレイ・レーダーといった、最先端技術が組み込まれているのである。

当初は141機分の生産が予定されたが、開発費と製作コストの増大によって減産され、試作機を含む98機で生産を終了している。8トン以上の外部兵装搭載能力と世界トップクラスの対艦ミサイル4発搭載可能という攻撃力に加え、長大な航続力と高度な運動性能も併せ持っており、空対空戦闘にも高い性能を見せる。最新のステルス戦闘機などを除けば、世界でもトップクラスの実力を持つ。非公式の愛称バイパーゼロは、F-16の愛称と配備された2000年からつけられた。別名、平成の零戦ともいう。

F-35Aライトニング II

いまだ開発中のステルス次期戦闘機

F-35Aはステルス性能を持つ、第五世代戦闘機。写真はアメリカ空軍のF-35A。

防衛省は2014年4月、武器や関連技術の輸出ルールを定めた防衛装備移転三原則の閣議決定を受け、「防衛生産・技術基盤戦略」の概要を自民党の国防部会などに提示。中で、日本企業が国際共同生産に参画するF-35戦闘機については、アジア太平洋地域における整備拠点を国内に設置するよう関係国と調整する方針を示した。

F-35Aライトニング IIは、航空自衛隊がF-4EJ改の後継機として、2011年に選定した第五世代の次期戦闘機。アメリカをはじめとする各国でも配備に向けて準備が進んでいるが、いまだ開発中で実戦配備された機体はない。開発は米

DATA
★★★★★★★★★

採用：ー　乗員数：1名　全長：15.67m　全幅：10.67m　全高：4.57m　重量：2400kg（全備）
速力：1607km/h　動力：F135-100×1基　武装：25mm機関砲×1、各種誘導ミサイルほか　製造者：ロッキード・マーチン社

第1章 日本の戦闘機

ロッキード・マーチン社が中心となるが、イギリス、日本のほか、導入を希望する国が開発計画に出資する方式が採られている。

世界的な潮流となる戦闘機のマルチロール化(多任務対応能力)を付加された機体には、現代戦闘機に不可欠な最新の技術が満載だ。例を挙げれば、高いステルス機能、FBW、フェイズド・アレイ・レーダーと各種センサーを組み合わせ誘導兵器の命中度を高める、火器管制システムなどがある。また、本機の特徴として、機体の基本設計を大きく変えず3つの派生型を開発していることが挙げられるだろう。空軍向けのCTOL(通常離着陸型)F-35A、海兵隊向けのSTOVL(短距離離陸・垂直着陸型)F-35B、海軍向けのCV(空母艦載機)F-35Cの3タイプである。

このうち、航空自衛隊ではF-35Aを導入の予定だが、2017年から運用予定だった米国でも先送りになるようだ。開発コストがかさみ、購入額がさらに上昇する懸念も持たれている。

日本でライセンス生産された戦闘機

F-86セイバー

アメリカ空軍が主力戦闘機として重きを置いた傑作機。分類は第一世代ジェット戦闘機に含まれる

F-86F

小牧基地に展示された F-86F

戦後の高度成長期から現代に至るまで、日本はアメリカから提供された兵器や戦闘機のライセンス生産を数多く行ってきたが、ここで紹介するのはその中の代表的戦闘機である。

第1章 日本の戦闘機

F104スターファイター

第二世代ジェット戦闘機に分類される、アメリカ・ロッキード社開発の超音速ジェット戦闘機。初飛行は1954年

F-104J

韓国の光州空軍基地に着陸した第2航空団第203飛行隊所属のF-104J

ドイツからの試験用輸入機

メッサーシュミットBf109E

1941年6月に輸入されると、キ44（のちの二式単座戦闘機）との空戦比較が行われ、その結果日本陸軍でBf109Eより優れていたキ44の制式採用が決まる

旧日本軍は同盟国ドイツから戦闘機を輸入し、日本の戦闘機との飛行比較実験を行ったり、開発の参考にしたりしていた

Fw190（写真はFw190A8）

1943年1月に輸入し、三式戦闘機の液冷エンジンを空冷エンジンに換装する際の参考にした

日本軍による鹵獲機

第二次世界大戦時に大々的に行われるようになった鹵獲行為。日本軍も多くの鹵獲戦闘機を、主に調査研究の目的で運用していた

74

第1章 日本の戦闘機

P-40E

昭和20年春、米軍から鹵獲したP-51とP-40E、ドイツから輸入したFw190Aと、日本の戦闘機（飛燕と疾風）との加速力と全速力の比較を行った。P-51は圧倒的な性能を見せ、疾風、Fw190Eはこれに続き、飛燕、P-40Eが遅れをとったというエピソードが残されている

P-51

写真はイギリス空軍のP-51D。

まだある日本の戦闘機

試製 烈風(れっぷう)

開発が進められていたが間に合わなかったジェット機や局地戦闘機、また特攻を成しえなかった潜水艦搭載の水上攻撃機……ここに紹介するのは幻の名機だ

第1章 日本の戦闘機

十九試局地戦闘機　秋水(しゅうすい)

局地戦闘攻撃機　橘花(きっか)

第1章 日本の戦闘機

局地戦闘機 震電(しんでん)

水上攻撃機 晴嵐(せいらん)

第2章
アメリカの戦闘機

常に世界の空をリードしてきたアメリカ。日本が参考にしたF-86セイバーやP-40をはじめ、F-4、F-15、F-35など常に最先端の技術を導入し開発された戦闘機群だ。

優速かつ機動性にも優れた小型戦闘機
ボーイング　P-26ピーシューター

★★★★★★

DATA
採用：― 乗員数：1名 全長：7.62m 全幅：8.52m 全高：3.17m 重量：1366kg（全備） 速力：377km/h 動力：P&W R-1340-27「ワスプ」空冷9気筒（500馬力）×1基 武装：7.62mm機銃×2、45kg爆弾×2 総生産機数：約150機 設計者：― 製造者：ボーイング社

愛称の「ピーシューター」は豆鉄砲を意味し、パイロットたちがつけたとされる。

1920年代から小型戦闘機のトップメーカーとして名を馳せていたボーイング社が、戦前製造した戦闘機。原型機は、1932年に初飛行したアメリカ最初の単葉戦闘機だ。張線付きの単葉にスパッツ付き固定脚という、複葉機から単葉機への移行期にありがちなスタイルをした機体だが、当時主力だったP-12複葉戦闘機よりも優速で、機動性にも優れていた。

30年代後半になり、P-35などが配備されるようになると、本土基地から海外基地へ移動し、次第に旧式として扱われるようになる。太平洋戦争開戦時にフィリピンに1個飛行中隊を配備していたが、すでに実戦への参加はなくなっていた。

第2章 アメリカの戦闘機

陸上機なのに飛行艇のように見える複葉戦闘機
グラマン　JF/J2F　ダック

★★★★★★

DATA
採用：― 乗員数：2～3名 全長：10.36m 全幅：11.89m 全高：4.24m 重量：3490kg（全備） 速力：306km/h 動力：ライトR-1820-54「サイクロン」空冷9気筒（900馬力）×1基 武装：7.62mm機銃×1、147kg爆弾×2 総生産機数：約600機 設計者：― 製造者：グラマン社

第二次大戦終戦の1945年まで長きにわたり約600機生産された。

グラマン社が、海軍向けの最初の制式機FF-1の設計をベースにして作り上げた水陸両用機。単胴の複葉機で、大きな張殻式の主フロートは引き込み式の主輪を格納、下翼の下面には翼端フロートが装備されている。主フロートは胴体と一体化され、陸上機であるにもかかわらず飛行艇のように見えるのが特徴だ。

1933年に初飛行したこの原型機体は翌年制式採用され、JF-1の名称で米海軍向けに生産開始。その後一部改良を加えたJ2Fが、海軍および海兵隊に配備される。第二次世界大戦が勃発するとその発注数も急激に増え、沿岸哨戒、写真測量、捜索救難、標的曳航などの任務に従事した。

最後の複葉戦闘機になった「空飛ぶ樽」
グラマンF3F フライングバレル

★★★★★★

DATA
採用：― 乗員数：1名 全長：7.06m 全幅：9.76m 全高：2.85m 重量：2155kg 速力：412km/h 動力：ライトR-1820「サイクロン」空冷9気筒(950馬力)×1基 武装：12.7mm機銃×1、7.62mm機銃×1、91kg爆弾×1 総生産機数：162機 設計者：― 製造者：グラマン社

初飛行は1935年3月だが、試作1、2号機は機体強度の問題などで墜落している。

愛称のフライングバレル（空飛ぶ樽）という表現の通り、ずんぐりとした機体が特徴の複葉戦闘機。原型は1935年に初飛行を行い、日米が開戦する1941年末頃まではアメリカ海軍の主力艦上戦闘機であった。グラマン社が、前作F2F艦上戦闘機の拡大、発達型として開発し、後方向安定性の改良や、燃料容量の増加が行われている。機首に12.7mm機銃、7.62mm機銃をひとつずつ装備。頑丈な機体と運動性能には定評があった。日本軍との実戦記録はなく、大戦前半はもっぱら練習機として使用されている。1943年には全機が退役。アメリカ海軍に用いられた、最後の複葉戦闘機である。

第2章 アメリカの戦闘機

アメリカ陸軍航空隊最初の近代的戦闘機

カーチス ホーク75／P-36 ホーク

★★★★★★

DATA
採用：ー　乗員数：1名　全長：8.69m　全幅：11.38m　全高：3.71m　重量：2795kg　速力：531km/h　動力：P&W R1830-G205A「サイクロン」空冷9気筒（1200馬力）×1基　武装：12.7mm機銃×1、7.62mm機銃×4　総生産機数：845機　設計者：ー　製造者：カーチス社

アメリカ陸軍航空隊のほか、ヨーロッパなど各国に輸出された。

世界各国が複葉機から金属製単葉機へと移行する1930年代、米国陸軍P-26の後継機として、カーチス社が開発した。愛称はホーク。

アメリカ陸軍航空隊最初の近代的戦闘機のひとつである。

一度は、セバスキー社のP-35との競争試作に敗れるものの、追加試作機が発注されP-36として採用されている。世界各国にも輸出され、フランスがH75として大量発注したほか、イギリスもモホークの名で購入し、ビルマ（現ミャンマー）で日本陸軍機と交戦した。

主脚は固定式と引き込み式があり、12.7mm機銃と7.62mm機銃1挺ずつを機首に装備するほか、7.62mm機銃を主翼内に追加することもできる。

グラマン F4F ワイルドキャット

大戦中期まで主力だった米海軍初の単葉単発戦闘機

愛称の「ワイルドキャット」は山猫、野良猫の意。後に続く「猫一族」シリーズの嚆矢となる。

1936年に出されたアメリカ海軍からの新型艦上戦闘機開発の指示に、グラマン社が開発した試作機は、ブリュースター社との競合に一度は敗北を喫する。その後大幅な設計変更と改良を加えたことにより、1938年に制式採用にこぎつけるのである。これが、アメリカ海軍初の単葉単発戦闘機であり、大戦中期まで主力として活躍する、F4Fワイルドキャット艦上戦闘機だった。

開戦後、新鋭機として各部隊へ配備数を増加させた本機は、初期から中期にかけて日本海軍の零式艦上戦闘機と戦火を交えた。それに関して、運動性能で劣る本機は零式の敵ではなかったとの評

★★★★★★★
DATA

採用：1938年　乗員数：1名
全長：8.76m　全幅：11.58m
全高：2.81m　重量：3600kg
速力：515km/h　動力：P&W R-1830-86「ツイン・ワスプ」空冷14気筒(1200馬力)×1基　武装：12.7mm機銃×6、45kg爆弾×2
総生産機数：4770機　設計者：―　製造者：グラマン社

84

第2章 アメリカの戦闘機

価がされることがある。だが、そもそも機体重量、翼面積、武装が上回っていたワイルドキャットは、日本でいうところの重戦闘機に近い存在なのだ。従って、運動性の面で劣っていたのは当然のことであり、緒戦期において一方的に損害を被っていたのは、零式の優れた運動性能と上昇性能を侮っていたことが大きな原因だったといえよう。

その後、アリューシャン攻略作戦の際に不時着した零式を、アメリカ軍は徹底的に研究する。その結果、単機格闘戦を禁止する「サッチ・ウィーブ」と呼ばれた新たな戦法が考案された。重装甲と重武装を活用した一撃離脱戦法と、複数機による攻撃戦術を徹底させることによって、格闘戦による被害を回避するようになったのである。もともと機体の強度には定評があり、12.7mmのブローニングM2機銃6門という強力な武装を持つワイルドキャットは、その後日本軍の戦闘機と激闘を演じ、大戦半ばまで主力として活躍した。

ベル P-39 エアラコブラ

機首に37mm機関砲を備えた単発戦闘機

日本軍のパイロットは、その形状から「カツオブシ」と呼んでいたという。

1936年にアメリカ陸軍が示した、新型単座戦闘機開発の指示に対して、設立間もないベル社は非常にユニークな機体を提案してきた。それが、このベルP-39エアラコブラである。

本機の一番の特徴は、各国の主力が12・7mm機銃を搭載するのが本流だったこの時代に、機首に37mm機関砲を備えていたことだろう。これは、当時の主力戦車並みの火力であった。また機体の動力構造も革新的で、エンジンを機体中央付近に置き、長い延長軸で機首のプロペラを駆動するという変わった機構を持っていた。これは機首に強力な火器を集中搭載できると同時に、重量物を機体

DATA
採用：1938年 乗員数：1名 全長：9.19m 全幅：10.36m 全高：3.61m 重量：3493kg 最高速度：609km/h 動力：アリソンV-1710-85液冷12気筒（1200馬力）×1基 武装：12.7mm機銃×2、37mm機関砲×1、12.7mm機銃×2 総生産機数：9584機 設計者：― 製造者：ベル社

第2章　アメリカの戦闘機

　重心近くに置くことで運動性が高まるというメリットが得られる、自動車でよくみられるミッドシップ構想である。しかし、思惑通りにはいかず、各国では実用化に結びつけられずにいたのだ。

　試作機は高性能な排気タービンなどを用い、これにまつわる様々な問題を克服。最高速度624km/hを記録するなど、実用化に十分な結果を残し制式採用となる。ところが、いざ量産化の段階で、重量と扱いの難しさから肝心の過給器が撤去されてしまったのだ。これにより、実戦配備された本機の最高速度は609km/h程に低下、機動性や加速性はもとより、火器から一酸化炭素が操縦席に充満するなどの数々の欠陥も露呈する。その結果、米英軍の太平洋やヨーロッパでの迎撃戦闘の任務からは外されてしまうのである。

　しかし、のちにレンド・リース契約によってソビエト軍に提供され、ヨーロッパ東部戦線で活躍。頑丈さと強力な武装は、かの地の操縦士たちから高い評価を得ている。

カーチス P-40 ウォーホーク

第二次大戦初期から中期を代表する単座戦闘機

完全な状態のP-40を数機鹵獲した大日本帝国陸軍は、研究用に使用したり鹵獲機展示会で一般向けに公開している。

イギリスでは「トマホーク」や「キティーホーク」の名で知られる。アメリカ軍の第二次世界大戦初期から中期を代表する単座戦闘機で、性能は決して高くなかったものの、高い信頼性、頑丈さ、操縦性の良さから、太平洋、欧州戦線をはじめとする各地に投入されている。

本機は、中低高度用単発迎撃戦闘機として、1938年1月から開発を開始。P-36を原型としているが、エンジンを空冷から液冷に換装したため、見た目は大きく変化している。開発は急ピッチで進み、空軍の要求からわずか10カ月で初飛行に成功した。その特徴は、本機を検分した日本の

DATA

★★★★★★★★★

採用：1940年 乗員数：1名 全長：9.66m 全幅：11.38m 全高：3.76m 重量：3760kg 全速力：579km/h 動力：アリソンV-1710-99液冷12気筒(1200馬力)×1基 武装：12.7mm機銃×6、227kg爆弾×1 総生産機数：13740機 設計者：― 製造者：カーチス社

第2章　アメリカの戦闘機

　航空関係者がずさんな空力処理に驚き呆れたというように、重量の割に低馬力で性能的に秀でたものはない。だが、とにかく頑丈で被弾に強く、信頼性が高いために整備も簡便で、操縦性能も素直であるという点が評価されたのである。
　主にヨーロッパでは北アフリカ戦線、アジアでは中国大陸のアメリカ義勇航空隊「AVG」（フライング・タイガース）が使用していたことで有名。真珠湾奇襲攻撃の際には、ハワイ基地に配備された当機が日本軍迎撃に飛び立っている。
　大戦中期以降は、P-47やP-51といった高性能機が登場したため、主用されることはなかった。だが、度重なる改良の成果もあり、やや被弾に弱いP-51よりも本機を好むアメリカ軍パイロットも少なくなかったという。後年登場した、機首のキャブレターとラジエターを備えた大きなインテイク部分と、その前方開口部を鮫の口に見立てて白い歯をむき出しに描かれている機体は、模型などでもおなじみのビジュアルである。

ロッキード P-38 ライトニング

「双胴の悪魔」と恐れられた双発制式戦闘機

当初、日本軍はその形状から「メザシ」や、容易に撃墜できる（ペロリと食えるP-38）から「ペロハチ」と呼んでいた。

　その高性能ぶりから「双胴の悪魔」と恐れられた、アメリカ陸軍最初の双発制式戦闘機。高高度迎撃戦闘機として開発が開始され、1939年1月に初飛行。同年9月に制式採用となった。双発戦闘機としては独特な構造で、コクピットを2つの胴体で挟む方式を採っている。「双発」としたのは、最高速度600km／h越えという要求速度を満たすために必要な大馬力のエンジンが得られないための対策であり、「双胴」としたのは、空気抵抗を減らすためであった。プロペラが互いに逆方向に回転するため、プロペラ・トルクの影響を受けにくく操縦しやすい。武装が機首に

★★★★★★★★
DATA

採用：1939年　乗員数：1名
全長：11.53m　全幅：15.85m
全高：3.00m　重量：7938kg
速力：667km/h　動力：アリソン V-1710-111/113 液冷12気筒（1725馬力）×2基　武装：12.7mm機銃×4、20mm機関砲×1、900kg爆弾×2　総生産機数：9924機　設計者：―　製造者：ロッキード社

第2章　アメリカの戦闘機

集中し同調の必要もないため、射撃も当てやすいといった利点もあった。

また、燃料タンクの大きさゆえ、長距離侵攻や偵察任務などの汎用性に富んでいたため、派生型も多数作られている。1944年7月31日、「星の王子さま」などで有名な作家のアントワーヌ・ド・サン＝テグジュペリは、偵察任務に飛び立ったまま二度と戻ることはなかったが、その際、彼が搭乗していたのも、イギリス空軍に供与された本機の偵察型F-5Bである。

本機は、重く大柄で必ずしも運動性に優れた機体ではなかったものの、双発の余剰馬力を活かしたダッシュ力と優れた急降下性能で一撃離脱に徹し、俊敏な単発戦闘機とも互角以上に戦った。特に有名な戦果としては、1943年にガダルカナル島に基地を持つ第347戦闘機隊16機が、片道900kmを飛んでブーゲンビル島上空へ急行。日本海軍連合艦隊司令長官山本五十六の乗った一式陸攻を迎撃し、これを撃墜した事例だろう。

ボート F4U コルセア

「死の警笛」と呼ばれ人々に恐れられた単座戦闘機

第二次大戦後も、朝鮮戦争などで活躍し、MiG-15ジェット戦闘機の撃墜記録を持っている。

コルセア(海賊)という名を持つこの艦上戦闘機は、第二次世界大戦でアメリカ海軍の主力となった。その後朝鮮戦争でもジェット機に混じって活躍したベストセラー機である。

長い機首を含む機体は、空力学的に洗練された形状。そして「最大の特徴である逆ガルの主翼は、2000馬力というエンジンの出力を引き出すために採用した大型プロペラを地面と接触させないためであった。機首を上げるために主脚を長くするより、強度の点で有利になると考えたのだ。

1938年から開発が始まり、試作機はエンジンパワーに物をいわせて650km/hを楽々と超

★★★★★★★★
DATA

採用:1941年 乗員数:1名 全長:10.16m 全幅:12.50m 全高:4.90m 重量:6300kg 速力:671km/h 動力:P&W R-2800-8W空冷18気筒(2000馬力)×1基 武装:12.7mm機銃×6、454kg爆弾×2 総生産機数:12571機 設計者:― 製造者:ボート社

第2章　アメリカの戦闘機

えた。だが、機首の長さからくる視界不良や件の巨大プロペラが艦上使用に適さないとして、当初空母での運用は取りやめとなっている。そのため、海兵隊が太平洋上の島々の基地で運用し、ソロモンやミッドウェー島などの最前線で日本機相手に激戦を繰り返すこととなった。操縦に不慣れなパイロットには怖すぎるほどのパワーであった上、小回りの利く機体でもなかったために、当初は日本の零式艦上戦闘機から軽く見られていたという。しかし、頑丈な機体と速度を活かした一撃離脱戦法に徹することにより、次第に戦果を伸ばすようになっていく。特に、開戦中期以降は、日本軍操縦士たちに最も手強い戦闘機として認識され、実際に太平洋上から日本機を次々と駆逐していったのである。

改良を重ねて、1944年には念願の空母配備も叶い、硫黄島や沖縄戦でも活躍。対地上攻撃で降下の際に放つ独特の風切音は、「死の警笛」と呼ばれ人々に恐れられた。

ノースアメリカン P-51 マスタング

戦後「第二次大戦最優秀機」と呼ばれた名機

日本陸海軍機に引けを取らないP-51にベテラン搭乗員さえ「手ごわい相手」と評価したという。

　第二次世界大戦中に生まれた数々の名機の中でも本機が一番だとする声は少なくない。実際、敵国ドイツからも賞賛され、戦後は「第二次大戦最優秀機」と呼ばれたのがこのP-51マスタングだ。

　しかし、最初から名機だったわけではなく、その出自も少々複雑なのである。

　アメリカ陸軍機として知られる本機だが、もともとの発注はイギリス空軍であった。開戦を控え、イギリスはカーチスP-40のライセンス生産をノースアメリカン社に打診する。ところが、社がそれを拒否し、自社開発の新型機生産を逆提案したのである。当時の新興弱小メーカーからの大胆

★★★★★★★★
DATA

採用：1940年　乗員数：1名
全長：9.83m　全幅：11.28m
全高：4.16m　重量：4580kg
速力：703km/h　動力：パッカードV-1650-7「マーリン」液冷12気筒（1720馬力）×1基　武装：12.7mm機銃×6、454kg爆弾×2など　総生産機数：15586機　設計者：―　製造者：ノースアメリカン社

第2章 アメリカの戦闘機

編隊を組んで飛行する
P-51 マスタング。

な提案だったが、その際に交わされた120日以内という開発期間や、諸条件を見事にクリアして機体は完成。イギリスでは「ムスタング（野生の駿馬）」と命名され制式採用される。

層流翼をはじめとした空力に優れたボディで、軽快な運動性と航続性能を持った本機は大いに期待された。しかし、最初に搭載されていたアリソンエンジンは非力で、高空戦闘能力が低いという弱点があったのだ。そこで、素性の良さを見抜いたイギリス空軍は、自国のロールス・ロイス製マーリンエンジンに換装する。すると、期待を上回る高性能を示し、ムスタングは戦闘機として開花したのであった。

イギリスはこれをマスタングⅢとして配備し、アメリカもマーリンエンジンを自国でライセンス生産して搭載し、P-51Bとして採用した。以後、あらゆる高度でも優秀な空戦性能を発揮し、長距離航続力を持つ最強戦闘機として、世界にその名を轟かせることとなるのである。

アメリカ陸軍初の単座式戦闘機
セバスキーP-35／AP-1

★★★★★★

DATA
採用：1937年　乗員数：1名　全長：8.17m　全幅：10.97m　全高：2.97m
重量：2775kg　速力：508km/h　動力：P&W R-1830-45[ツイン・ワスプ]空冷14気筒(1050馬力)×1基　武装：12.7mm機銃×1、7.62mm機銃×1　総生産機数：―　設計者：アレキサンダー・カートベリ　製造者：セバスキー社

フィリピンに送られた48機は、1941年に侵攻してきた日本軍によってほぼ破壊された。

第二次世界大戦における「近代的戦闘機」の要素をひと通り備えた、米陸軍初の単座式戦闘機。セバスキー社のSEV-1XPをベースにしており、全金属セミモノコック構造、引き込み脚、可変ピッチプロペラ、密閉コクピットなどの仕様となっている。

機体は頑丈で安定性は良かったが、採用直後から旧式化が目立ち始める。米陸軍では1941年までに前線から下げ、以後は訓練機として使用されていた。

エンジン出力を強化した改良機P-35Aがフィリピンに供与され、第二次世界大戦開戦直後は防空の主力となる。だが、襲い来る日本機には歯が立たず、多大な損害を出すことになった。

第2章 アメリカの戦闘機

偵察機として多く使用された単発戦闘機

リパブリック P-43 ランサー

★★★★★★

DATA
採用:1940年 乗員数:1名 全長:8.68m 全幅:10.97m 全高:4.27m 重量:3365kg 速力:573km/h 動力:P&W R-1830-47空冷14気筒(1200馬力)×1基 武装:12.7mm機銃×2、7.62mm機銃×2 総生産機数:272機 設計者:― 製造者:リパブリック社

中国向けの戦闘機は主翼の武装が12.7mm機銃に強化された。

本機はアメリカ陸軍航空隊の迎撃機として使用されていたP-35の発展型で、リパブリック社が製作したレシプロ単発戦闘機である。機体が大きくなり、主翼設計の変更や主脚引き込み方式の変更、排気タービン付きエンジンの搭載といった改良が施されている。

制式採用後も、いくつかの改良・派生型が製造されているが、生産数は多くなく、第二次大戦初期に一部機体が交戦した他は目立った活躍はしていない。272機生産されたうち、108機ほどが中国へ譲渡され、一部は日本軍とも戦っている。だが、その多くは戦闘機としてではなく、偵察機として使用されていた。

ブリュースター F2A バッファロー

多くは植民地軍へ配備された艦上戦闘機

鹵獲され日本に送られた本機を、宇都宮陸軍飛行学校校長の加藤敏雄少将は自家用機として使った。

艦上戦闘機の近代化を希求していたアメリカ海軍は、1936年に各社に試作を依頼した。単葉機、折りたたみ翼、引き込み脚、密閉式コクピットといったハイスペックな要求の末に採用されたのが、この機体であった。

納入後、エンジン出力の向上や防弾装備の強化といった改造がなされたものの、第二次大戦を前に、すでに枢軸国側には性能で劣ることが明白になっていた。そのため、機体の多くはイギリスやオランダなどが植民地軍への配備用に購入、あるいは、スペックダウンした機体をフィンランドへ売却という使い方がなされた。

DATA
★★★★★★★

採用：1937年 乗員：1名 全長：10.67m 全幅：7.92m 全高：3.63m 重量：1717kg 速力：484km/h 動力：R-1820-34 空冷9気筒（950馬力）×1 武装：12.7mm機銃×4、7.7mm機銃×1 総生産機数：507機 設計者：― 製造者：ブリュースター社

第2章 アメリカの戦闘機

イギリスやオランダ、フィンランドからも発注があった本機。

マレー半島では隼や零戦との戦いも見られたが、そのほとんどは一方的な撃墜に終わっている。

1930年代後期の輸出用戦闘機
ノースアメリカン P-64

★★★★★★

DATA

製作：1939年　乗員数：1名　全長：8.23m　全幅：11.35m　全高：2.74m　重量：2717kg　速力：434km/h　動力：ライトV-1820-77空冷9気筒（870馬力）×1基　武装：12.7mm機銃×2、20mm機関砲×2　総生産機数：13機　設計者：―　製造者：ノースアメリカン社

タイへの輸出が直前で禁止になったのは、日本軍の手に落ちることを懸念したからだった。

本機はノースアメリカン社のベストセラー練習機 NA-26（米軍採用名 AT-6 テキサン）をベースに開発された、NA-50の武装を強化した輸出用の単座戦闘機。全金属製の機体に空冷エンジンを搭載している。ベースとの大きな違いはP-36に似たファスト・バック型風防を採用したことで、後部胴体の高さが増して垂直尾翼が大きくなっている点などだ。

1935年から1936年にかけて、ペルー空軍に7機が納入された。また、1939年暮れにはタイへ輸出されたが、運送途上で太平洋戦争が勃発したためアメリカに接収されている。以後は、アメリカ陸軍航空隊の高等戦闘訓練用に使用された。

第二次大戦で最大の超重量級戦闘機
リパブリック P-47 サンダーボルト

★★★★★★

DATA
採用：1941年　乗員：1名　全長：10.92m　全幅：12.49m　全高：4.17m　重量：4536kg　速力：690km/h　動力：R-2800-59「ダブル・ワスプ」空冷18気筒（2300馬力）×1基　武装：12.7mm機銃×8、900kg爆弾　総生産機数：15660機　設計者：─　製造者：リパブリック社

戦闘機としても優れていたが、戦闘爆撃機として特に活躍したサンダーボルト。

第二次大戦中最大を誇った超重量級戦闘機は、セバスキー・エアクラフト・カンパニーが、リパブリック・エイヴィエーション・カンパニーに名称を改め、初めて生み出した名機であった。戦闘機としては、あまりの巨大さに当初パイロットからは、これで空中戦を戦うことができるのかと不安の声すら上がった。事実、離陸滑走距離の長さと機動性の悪さゆえに評判は悪かった。しかしその重量は急降下を容易にし空中戦では圧倒的に有利だったのである。搭載された機銃の数は、最大8機もあり、破壊力も圧倒的だったのである。

戦後は途上諸国の空軍にも供給され、一部の国では1960年代まで運用された。

日本軍を圧倒したF4Fワイルドキャットの後継機

グラマン　F6F　ヘルキャット

★★★★★★

DATA
採用：1942年　乗員：1名　全長：10.24m　全幅：13.06m　全高：3.99m　重量：4105kg　速力：605km/h　動力：P&W　R-2800-10「ダブル・ワスプ」（2000馬力）×1基　武装：12.7mm機銃×6　総生産機数：12275機　設計者：―　製造者：グラマン社

愛称の「ヘルキャット」とは性悪女、意地の悪い女という意。

　F4Fワイルドキャットの後継機として開発された機体は、F4Fの設計思想を引き継ぎ、堅牢な装甲板を備えるなど性能を向上させたものであった。特に、主脚の引き込みがクランク操作から油圧で作動するようになったことは、パイロットから評価が高かった。

　折りたたみ式の主翼を備えたことから、航空母艦への搭載数が増えたこともあり、太平洋では日本軍を圧倒する主力機体となった。

　零戦に対しては、時速400km/h以上の高速であれば、いかなる運動性能においても圧倒的であり、戦争末期には、本来の戦術である高速を活かした一撃離脱をやめて積極的に格闘戦を挑むパイロットの姿も多く見られた。

102

第2章 アメリカの戦闘機

世界で初めて設計された夜間戦闘機
ノースロップ P-61 ブラックウィドウ

★★★★★★

DATA

採用：1942年 乗員：3名 全長：15.11m 全幅：20.12m 全高：4.47m 重量：9979kg 速力：589km/h 動力：R-2800-65 18気筒（2000馬力）×1基 武装：12.7mm機銃×4、20mm機関砲×4、2900kg爆弾 総生産機数：742機 設計者：― 製造者：ノースロップ社

愛称の「ブラックウィドウ」は機体が黒色に塗装されていたことによる。

「夜の未亡人（黒後家蜘蛛）」という妙な愛称を付与された、この機体は世界で初めて設計された夜間戦闘機である。

本来は、ロンドン空襲を契機に、夜間爆撃に対抗できる機体として開発されたものだが、配備された時点ですでに枢軸国による空襲は行われなくなっており、爆撃機に随伴して、迎撃戦闘機と戦うなど、本来想定されていなかった攻撃的な任務が主な運用となった。

いわば悪条件の中で使用されていた機体であったが、この機体の夜間戦闘の能力は圧倒的であり、この機体でエースパイロットとなった者も多い。太平洋戦争末期には、沖縄を拠点に日本にも多数飛来した。

アメリカ初のジェット戦闘機

ベル P-59 エアラコメット

★★★★★★

DATA
採用：1943年 乗員数：1名 全長：11.63m 全幅：13.87m 全高：3.76m 重量：5760kg 速力：664km/h 動力：ジェネラル・エレクトリックJ31-GE-3 (I-1)(推力907kg)×2基 武装：12.7mm機銃×3、37mm機関砲×1 総生産機数：50機 設計者：― 製造者：ベル社

機銃を機首に集中配備したP-59。

アメリカ初のジェット戦闘機。開発は1941年10月に開始され、極秘プロジェクトのためプロペラ機と偽った開発番号を付加し、初号機には飛行直前までダミーのプロペラが付いていたという。

ライセンス生産したJ31エンジン2基を主翼付け根に埋め込み、エンジンの推力不足と信頼性不足に備えた設計となっていたが、試験飛行ではエンジンの信頼性問題や意外に低い性能が露呈。期待以下の数値しか示せなかった。

1943年6月にP-59Aの呼称で制式採用され、80機の生産型が発注される。しかし、レシプロ機よりも劣った内容に30機がキャンセルされ、残った機体は実験や練習用として活用された。

第2章 アメリカの戦闘機

ピンボールと呼ばれたP-39の改良機

ベル P-63 キングコブラ

★★★★★★

DATA
採用：1943年 乗員数：1名 全長：9.96m 全幅：11.68m 全高：3.84m 重量：2892kg 速力：660km/h 動力：アリソンV1710-93液冷12気筒（1325馬力）×1基 武装：12.7mm機銃×4、37mm機関砲×1、237kg爆弾 総生産機数：3305機 設計者：― 製造者：ベル社

アメリカ陸軍航空軍をはじめ連合国側で使用された。

特異な設計思想から不具合を続出せ、結果米軍の実戦任務から外されたP-39を改良大型化した機体。層流翼や出力を強化したエンジンを搭載し、1943年から生産が開始された。だが、終戦までに作られた3300機余りの機体のうち8割強が、ソビエトとフランスへ貸与されている。

アメリカ陸軍に配備された機体もあったが、それは外板がジュラルミンによって強化され防弾ガラスをはめ込まれていた。射撃訓練用の有人標的機、RP-63としての使用だったのである。命中すると機体に赤いランプが点滅するようになっていたため、パイロットからは「ピンボール（Pinball）」と呼ばれていたという。

米海軍初の双発艦上戦闘機

グラマン　F7F　タイガーキャット

★★★★★★

DATA
採用：1943年　乗員数：1名　全長：13.83m　全幅：15.70m　全高：4.62m　重量：7232kg　速力：716km/h　動力：P&W　R-2800-22W空冷18気筒(2100馬力)×2基　武装：12.7mm機銃×4,20mm機関砲×4,908kg爆弾　総生産機数：330機　設計者：―　製造者：グラマン社

戦後は各種の派生型が開発されて朝鮮戦争に投入され、夜間戦闘機として活躍した。

アメリカ海軍が、日本との戦争を視野に入れ建造を計画していた大型航空母艦で運用する、新型艦上戦闘機として開発。ごく平凡な双発の外観ながら、低アスペクト比の主翼、洗練されたエンジンナセルなど各部に様々な工夫が加えられている。武装も従来の戦闘機並みの火力と攻撃機並みの爆弾搭載量を誇り、最高速は700km/hを超える高性能を記録。米海軍初の双発戦闘機として制式採用されることとなる。

ただ、その大きさゆえに当時建造中だった「ミッドウェイ」級以外の空母への搭載が難しかった。そのため、艦上戦闘機としては配備されず、艦載機用装備を取り外し海兵隊向けに投入されている。

106

第2章 アメリカの戦闘機

デュアル動力を採用した艦上戦闘機

ライアン FR ファイアボール

★★★★★★

DATA
採用：1944年 乗員数：1名 全長：9.85m 全幅：12.19m 全高：4.24m 重量：3488kg 速力：686km/h 動力：ライトR-1820-72W空冷9気筒（1350馬力）×1基、ジェネラル・エレクトリックJ31ターボジェット（推力726kg）×1基 武装：12.7mm機銃×4、908kg爆弾、ロケット弾×8 総生産機数：66機 設計者：― 製造者：ライアン社

戦争の終結とジェットエンジンの急速な進歩で、短期間で退役することに。

戦闘機がプロペラからジェットに移行する当時、ジェットエンジンは高燃費、低推力でレスポンスも遅く、洋上での航続性能や離着艦性能に問題が多かった。本機はそれらの欠点を補うため開発され、離着艦はレシプロ、上昇、加速時にはジェットというデュアル動力となっている。

機体設計はオーソドックスだが、前輪式降着装置、フルフェザーピッチプロペラが採用された。量産後まもなく終戦となり、66機が生産されるのみで終了となる。終戦後はジェット機への機種移行訓練機として使用されている。故障が原因だったが、空母にジェットエンジンのみで着艦したのは、本機が初めてである。

近代ジェット戦闘機の基本型を確立した機

ロッキード　P-80　シューティングスター

★★★★★★

DATA

採用：1944年　乗員：1名　全長：10.53m　全幅：11.85m　全高：3.46m　重量：3592kg　速力：850km/h　動力：ジェネラル・エレクトリック J33-A-9A　武装：12.7mm機銃×6、900kg爆弾　総生産機数：1715機　設計者：クラレンス（ケリー）・ジョンソン　製造者：ロッキード社

陸軍航空隊時代は P-80 だったが、1947年の空軍分離発足に伴い F-80 に改称されている。

1943年に「ドイツ空軍がジェット戦闘機の実用化間近」との情報により急ぎ開発された機体。開発命令からわずか183日で初飛行が行われた。

1944年からは約5000機の大量発注が行われ生産が始まったが、飛行訓練が開始されたのは1945年に入ってからだった。

そのため、8月に大戦が終結したことを受けて生産は900機で終了。実戦配備されたのは45機にすぎなかった。初めての実戦への参加は1950年から始まった朝鮮戦争である。しかし、ドイツの技術を得て開発されたソ連製のMiG-15に、空中戦でまったく対抗できず、対地攻撃や写真偵察が主な用途となった。

108

第2章 アメリカの戦闘機

世界最強のレシプロ艦上戦闘機
グラマン F8F ベアキャット

★★★★★★

DATA

採用：1944年 乗員数：1名 全長：8.43m 全幅：10.82m 全高：4.17m 重量：3488kg 速力：719km/h 動力：P&W R-2800-30W空冷18気筒（2250馬力）×1 武装：20mm機関砲×4、450kg爆弾 総生産機数：1249機 設計者：― 製造者：グラマン社

民間に払い下げられた機体は現在も大規模な改造が施されエアレーサー機として飛んでいる。

世界最強のレシプロ機とも評される。あらゆる大きさの航空母艦で運用でき、運動性と低空性能、そして、高い上昇率を必要とする迎撃任務を主として計画されている。これは、日本軍の零式艦上戦闘機の後継機を見据えたもので、大馬力のエンジンと極力小型化した機体の組み合わせをコンセプトに開発が行われた。

1944年8月に初飛行した試作機は、小さな機体の運動性を遺憾なく発揮し、予想を上回る高性能を見せる。だが、急ピッチで量産化と配備が進行していた矢先の1945年に、大戦は終結。その実力を見せられないまま、時代はジェット戦闘機へと移行してしまったのであった。

終戦のため先行量産のみで終わった艦上戦闘機
グッドイヤー F2G
★★★★★★★

DATA
採用：― 乗員数：1名 全長：10.29m 全幅：12.50m 全高：4.90m 重量：6054kg 速力：694m/h 動力：R-4360-4空冷28気筒（3000馬力）×1 武装：12.7mm機銃×4〜6 総生産機数：10機 製造者：グッドイヤー社

民間に払い下げられた機体が2012年まで2機レーサーとして飛行していた。

非公式の「スーパーコルセア」という異名通り、逆ガル主翼を持つF4Uコルセアをベースに開発された機体。F4Uコルセアは高空性能には優れていたものの、低速での失速傾向があり、低空格闘が得意ではなかった。そのため、本機はそうした面を改善し、低空迎撃任務に適した発展型として設計変更が行われている。

出力を50％アップしたエンジンへの換装や、それに伴う尾翼の大型化、また、機体形状をフラット形状にし、水滴形キャノピーに変更して燃料タンクを増量するなどの改良を施し、1945年より本格的な量産を行う予定だった。しかし、終戦のため試作及び先行量産のみで終わっている。

第2章 アメリカの戦闘機

P-15譲りの運動性と火力を保持した長距離戦闘機

ノースアメリカン P-82ツイン・マスタング

★★★★★★

DATA

採用：1945年 乗員数：2名 全長：11.61m 全幅：15.62m 全高：4.17m
重量：11249kg 速力：776km/h 動力：パッカードV-1650-23/25「マーリン」
液冷12気筒（1860馬力）×2基 武装：12.7mm機銃×6、無誘導ロケット弾×16
総生産機数：273機 製造者：ノースアメリカン社

1947年、同機はホノルル—ニューヨーク間の無着陸飛行に成功し、いまだにこの記録は破られていない。

米国陸軍は太平洋戦線を睨み、さらに長大な距離を護衛させるための戦闘機開発をノースアメリカン社に指示する。

だが、そこには、機体性能より操縦する人間にとっての限界という難問が噴出してしまうのである。そこで、同社が出した解答が操縦士を2名乗せ複座とし、交代で操縦を行える機体であった。

開発期間短縮のため、傑作機P-15を2機並べて双頭双発となったように見える本機だが、重量バランスの関係から胴体が延長され、主翼の構造や着陸脚などが設計変更されている。P-15譲りの運動性と火力も保持していたが、配備直前に大戦が終了。真価を示すのは、朝鮮戦争の時であった。

世界で初めて航空母艦で運用されたジェット戦闘機
マクダネル FD ファントム

★★★★★★★

DATA
採用：1945年　乗員数：1名　全長：11.81m　全幅：12.42m　全高：4.32m 重量：5460kg（全備）　速力：770km/h　動力：ウエスチングハウスJ30-WE-20 ターボジェット（推力725kg）×2基　武装：12.7mm機銃×4、総生産機数：60機 設計者：―　製造者：マクダネル社

発注時はFD-1の名称だったが、Dはダグラス社と重なるために1947年にFH-1に名称変更されている。

1943年、米国海軍は新技術であるジェットエンジンを搭載する艦上戦闘機の開発を計画し、新興のマクダネル社へ発注を行った。同社は、ウエスチングハウス社が開発に成功した、X19Aエンジンを2基搭載した機体を開発するが、当初の試作機はエンジンが1基しか間に合わずにそのまま初飛行を迎えている。

飛行試験を継続する形で量産化を進め、終戦後の1946年、就役したばかりの大型空母フランクリン・D・ルーズベルトからの発着試験に成功。世界初の航空母艦から運用されたジェット戦闘機となった。1947年から配備されたが、すぐに後続機F2Hに交代し、50年代半ばには退役している。

第2章 アメリカの戦闘機

米海軍初の作戦用ジェット戦闘機

ノースアメリカン FJ-1 フューリー

★★★★★★

DATA

初飛行：1946年 乗員数：1名 全長：10.49m 全幅：11.63m 全高：4.52m
重量：7092kg（全備） 速力：880km/h 動力：アリソンJ35-A-2ターボジェット
（推力1810kg）×1基 武装：12.7mm機銃×6 総生産機数：30機 設計者：―
製造者：ノースアメリカン社

1949年5月まで航空母艦「ボクサー」で運用されたが、その後F9F-3パンサーと交代して徐々に姿を消した。

アメリカ海軍初の作戦用ジェット戦闘機（艦上戦闘機）のひとつ。原型1号機は1946年11月に初飛行した。米海軍はその完成を待たずに生産機の発注を行っていたが、大戦終結により製造機数を減じている。

1948年から、生産型がVF-51部隊に配備され、米海軍で初めて実戦配備されたジェット艦上戦闘機となる。だが、30機程度と製造機数そのものが少なかったため、朝鮮戦争などでも目立った活躍をすることはできなかった。

なお、この後、当機の教訓を参考にしながら多大な改修を加え、高性能化した機体が開発される。それが、西側ベストセラー戦闘機F-86セイバーである。

113

米海軍初の"実用"ジェット艦上戦闘機

マクダネル　F2H　バンシー

★★★★★★

DATA

採用：1947年　乗員数：1名　全長：14.9m　全幅：15.2m　全高：4.42m　重量：10120kg（全備）　速力：856km/h　動力：ウエスチングハウスJ34-WE-34ターボジェット（推力1475kg）×2基　武装：20mm機関砲×4　総生産機数：892機　設計者：―　製造者：マクダネル社

朝鮮戦争では、補給線攻撃や近接航空支援にも用いられた。

世界初の艦上ジェット戦闘機となるFDファントムをベースに、新型エンジン搭載と機体の拡大化を図った性能向上版。主翼の折りたたみ機構や後方視界を良くした水滴型風防、胴体拡大による搭載燃料の増加、搭載火器の強化などの改良が盛り込まれ、これに呼応すべくエンジンは2倍近い推力を持つものに変更されている。

最初の量産型は、1948年から米海軍へ納入され、2年後に始まった朝鮮戦争に従軍。大型で運用可能な空母は限られていたが、レーダー装備の主力全天候戦闘機として活躍している。また、1955年からはカナダ海軍でも運用され、艦上任務や迎撃任務に従事。60年代に全機退役した。

114

第2章 アメリカの戦闘機

大戦後、初めて海軍に採用されたジェット戦闘機

グラマン　F9F　パンサー

★★★★★★

DATA
採用：1947年　乗員：1名　全長：11.85m　全幅：11.58m　全高：3.74m　重量：7470kg（全備）　速力：846km/h　動力：P&W　J42-P-6ターボジェット（推力2608kg）×1基　武装：20mm機関砲×4、ロケット弾×6、1130kg爆弾　総生産機数：1276機　設計者：―　製造者：グラマン社

朝鮮戦争休戦後は第一線を退き、無人標的機として主に使用された。

第二次大戦中から開発が行われていたジェット戦闘機。グラマン社の特徴である頑丈さと実用性に重点を置いた設計は、特徴的な太く短い機体を生み出した。実戦投入された朝鮮戦争では、その設計思想はすでに古いものとなっており、性能はソ連側の機体に対して明らかに見劣りし、対地攻撃が主な任務として課せられた。

ところが、古い設計思想ゆえに信頼性の高い機体は、パイロットの力量によって性能の差をカバーすることが可能だった。事実、1950年11月9日に史上初めてジェット戦闘機を撃墜したのは、この機体であった。朝鮮戦争期間中に空中戦で敗北したのは実に1機だけだったのである。

米海軍初のジェット夜間艦上戦闘機

ダグラス F3D スカイナイト

★★★★★★

DATA
採用:1945年 乗員数:2名 全長:14.9m 全幅:15.2m 全高:5.0m 重量:12250kg(全備) 速力:965m/h 動力:ウエスチングハウスJ34-WE-36×2基 武装:20mm機銃×4 総生産機数:265機 設計者:エド・ハイネマン 製造者:ダグラス社

朝鮮戦争に投入され、1952年には夜間戦闘においてMIG-15を撃墜している。

スカイナイトの愛称通り、夜戦用レーダーなどを装備し、ミサイルを主装備とする、米海軍初のジェット夜間艦上戦闘機。

機体設計はD-558-1スカイロケットをベースにしているが、機上レーダーや武装の要求に応えるため、大幅な設計変更が行われた。

中翼配置の直線翼の主翼を持ち、エンジンは主翼付け根の下方に配置。主翼は中央部で上方に折りたたむことができる。全天候戦闘機であるために、レーダー操作員も必要となった。50年以降実戦配備されたが、大型のために運用できる空母が限られ、主として海兵隊の陸上基地で使用されている。派生型を含めると、70年代まで運用された息の長い戦闘機だ。

第2章 アメリカの戦闘機

長い間NATO戦力の一端を担ったジェット戦闘機

リパブリック F-84 サンダージェット/サンダーストリーク

★★★★★★

DATA

採用:1950年　乗員数:1名　全長:13.21m　全幅:10.23m　全高:4.57m　重量:12250kg(全備)　速力:1100km/h　動力:ライトJ65-W-7 ターボジェット(推力3540kg)×1基　武装:12.7mm機銃×6、爆弾2700kg　総生産機数:3426機
設計者:アレキサンダー・カートベリ　製造者:リパブリック社
※データはサンダーストリーク

オハイオ州空軍に配備されたF-84F サンダーストリーク。

アメリカで開発された、P-47サンダーボルトの後継にあたるジェット戦闘機。大別すると、直線翼を持つF-84A～E/G「サンダージェット」と、後期の後退翼を持つF-84F「サンダーストリーク」という分類になる。

1946年に完成した原型2号機が時速983km/hの米国速度記録を樹立し、米軍に制式採用された。だが、頑丈さが売りなだけで扱いにくい機体だったという。

1950年には後退角主翼を持ったサンダーストリークが登場。ジェット同様西側諸国へ供与され、20年にわたりNATO戦力の一端を担った。米国ではアクロバットチーム「サンダーバーズ」の使用機としても知られている。

ノースアメリカン F-86 セイバー

航空自衛隊の主力戦闘機となった名機

朝鮮戦争時、韓国の水原空軍基地に展開するF-86セイバー。

第二次世界大戦の末期、アメリカ海軍から艦上ジェット戦闘機の開発依頼を受けていたノースアメリカン社は、同社のP-51の主翼と尾翼をそのまま流用した直線翼のジェット機を計画していた。ところが、大戦終結後、ドイツからの戦利品の中に、後退翼における先進的空力データを発見し、その有効性に着目。急遽設計は変更され、主翼、尾翼に代えて、後退翼を採用した試作機を完成させたのである。初飛行時から性能の高さを証明した本機は、P-86A-1として陸軍航空隊に採用。その後アメリカ軍の組織再編に伴い、空軍所属のF-86セイバーとなった。

★★★★★★★★

DATA

採用：1947年　乗員数：1名　全長：11.43m　全幅：11.30m　全高：4.51m　重量：7500kg（全備）　速力：1008km/h　動力：ジェネラル・エレクトリックJ47-GE-27ターボジェット（推力2680kg）×1基　武装：12.7mm機銃×6　総生産機数：8300機　設計者：―　製造者：ノースアメリカン社

第2章 アメリカの戦闘機

この機の実力を世に知らしめたのは、朝鮮戦争における活躍だろう。開戦中期、中華人民共和国の義勇軍が参戦すると、中国人民解放軍所属のMiG15が飛来するようになり、旧型機では太刀打ちできなくなってしまう。そうした中、アメリカ空軍の威信を賭けて投入されたF-86が、朝鮮半島上空にて史上初の後退翼ジェット戦闘機同士による空中戦を繰り広げるのである。当初両機の性能は拮抗していたが、照準機などの設備と搭乗員の技量でF-86は戦闘を優位に進める。さらに、性能を向上させたF型が配備されるとその差は歴然となり、参戦から休戦までの約2年間の損失78機に対し、撃墜数は約800機。実に、10対1の戦果を上げることとなったのであった。

その優秀さから世界各国で採用された本機は、日本でも、発足当初の航空自衛隊の主力戦闘機となった。初代ブルーインパルスとして、東京オリンピック開会式の快晴の空に五輪の輪を描いたのも、このハチロクブルーセイバーである。

米最初の全天候・夜間迎撃用のジェット戦闘機

ノースロップ F-89 スコーピオン

★★★★★★

DATA

採用：1948年　乗員数：2名　全長：16.44m　全幅：18.24m　全高：5.37m
重量：19200kg(全備)　速力：1023km/h　動力：アリソンJ35-A-35ターボジェット(推力3270kg)×2基　武装：70mmロケット弾×104、爆弾最大1500kg　総生産機数：1050機　設計者：―　製造者：ノースロップ社

全天候戦闘機としては長く使われ、最後の空軍州兵の機体が退役したのは1968年だった。

アメリカで設計された最初の全天候・夜間迎撃用のジェット戦闘機。機首にレーダーが搭載されており、乗員も操縦士とレーダー操作員の2名が搭乗する複座型となっている。

初期生産型（A～C）は実戦配備後に機体の強度不足などが発覚し、全面改修されていたが、その間に兵装を強化したD型が配備されたためそのまま退役している。

装備されていた20mm機関砲も、D型以降は破壊力の大きいロケット弾に替わっていた。また、最終生産型には、誘導ミサイルや弾頭ロケット弾が搭載できるようになっている。

愛称のスコーピオンは、サソリに似た形状と色からつけられた。

第2章 アメリカの戦闘機

無誘導ロケット弾を搭載した全天候戦闘機
ロッキード F-94 スターファイア

★★★★★★

DATA
採用：1949年　乗員数：2名　全長：13.55m　全幅：12.94m　全高：4.55m　重量：10960kg（全備）　速力：940km/h　動力：P&W　J48-P-5ターボジェット（推力2880kg）×1基　武装：70mmロケット弾×48　設計者：―　製造者：ロッキード社

空軍では1959年まで運用され、その後は空軍州兵に回されている。

初期のジェット戦闘機である、ロッキードP-80をもとに改良された迎撃戦闘機。夜間、荒天など全天候下での任務に対応するため、機首にAPG-33レーダーを搭載した最初の生産型は、1949年に部隊配備を開始。しかし、この初期型は機内スペースが狭く貧弱な武装の上、脱出時の事故が頻発し信頼性も低かった。

そうした欠点を改良したのが最終モデルのF-94Cと呼ばれるものである。再設計された機体と強力なエンジン、そして無誘導ロケット弾を搭載し、敵爆撃機に対して弾幕を張る攻撃を行えるようになっていたのだ。「スターファイア」は、実はこの最終型にのみつけられた呼称である。

121

パンサーの改良発展型ジェット戦闘機

グラマン F9F-6〜8 クーガー

★★★★★★

DATA

採用：1951年 乗員数：1名 全長：12.96m 全幅：10.52m 全高：3.73m 重量：8850kg(全備) 速力：895km/h 動力：P&W J48-P-8ターボジェット(推力3290kg)×1基 武装：20mm機銃×4、ロケット弾×6、誘導ミサイル×4 総生産機数：1985機 設計者：― 製造者：グラマン社

クーガーは1952年から部隊配備が始まり、退役後も練習機などで1974年まで使用された。

第二次世界大戦後、初めて海軍に採用されたグラマン社製ジェット戦闘機F9F-2・5パンサーの改良発展型。朝鮮戦争で活躍したパンサーは頑丈で信頼性に富み扱いやすい機体ではあったが、敵であるMiG-15や米空軍のF-86などの後退翼を有する戦闘機に比べると、見劣りがした。直線翼を有する設計は、空力性能面で明らかに古かったのである。そのため、米海軍はグラマン社にパンサーの後退翼化を要請する。

艦載機に不利な後退翼を大型フラップ、自動スラットなどの導入で克服した本機は、すべての面でパンサーを上回る性能を見せる。やがて、核爆弾搭載能力のある機体へと進化していくことになる。

第2章 アメリカの戦闘機

わずか3年で退役した高速艦上戦闘機
チャンス・ボート F7U カットラス

★★★★★★★

DATA

採用:1951年　乗員数:1名　全長:13.5m　全幅:10.78m　全高:4.45m　重量:14370kg(全備)　速力:1137m/h　動力:ウエスチングハウスJ46-WE-8ターボジェット(推力2090kg)×2基　武装:20mm機銃×4、爆弾最大2450kg　総生産機数:320機　設計者:―　製造者:チャンス・ボート社

本機の反省を踏まえて開発されたF-8戦闘機の登場に伴い1957年に退役した。

第二次世界大戦終了後、来るべきジェット時代の高速艦上機のひとつとして、アメリカ海軍の依頼で開発された。本機は、速度を追求するため、主翼に後退翼を採用しながら水平尾翼を持たない、無尾翼機という特徴的な外観を持っている。空力を活かした設計で、事実優れた高速上昇性能と運動性を持っていたが、その反面低速時の揚力は貧弱となる機体だった。

短距離着艦能力が不可欠な艦載機としては、これは致命的な欠陥である。これを補うため、抑え角度を大きく取らねばならず、前方視界不良と機体の不安定さで離着陸時の事故が多発した。その結果、1954年に配備され、わずか3年で退役となっている。

当時の世界速度記録を樹立した全天候艦上戦闘機

ダグラス F4D スカイレイ

★★★★★★

DATA
初飛行：1951年 乗員数：1名 全長：13.9m 全幅：10.2m 全高：3.9m 重量：10300kg 速力：1200km/h 動力：P&W J57-P-8ターボジェット（推力4125kg）×1基 武装：20mm機関砲×4、誘導ミサイル×4 総生産機数：419機 設計者：エド・ハイネマン 製造者：ダグラス社

本機は1964年に退役するとNACA（現NASA）の試験機として1969年まで使用された。

1950年代に、高度15000mまでの上昇時間など数々の世界記録を樹立したことで知られる、アメリカ海軍の全天候艦上戦闘機。第二次世界大戦後、ドイツのリピティッシュ博士の無尾翼・デルタ翼機のアイデアをベースに、ダグラス社によって開発が開始されている。

不安定ながら、J40エンジンを搭載した試作機は世界速度記録を樹立。その後、量産機にはより強力で信頼性の高いJ57エンジンが搭載され、1956年に部隊配備されることになる。アメリカ海軍、海兵隊の26個の第一線、及び支援飛行隊で活躍。世界最初の実用化赤外線誘導短距離空対空ミサイルAIM-9の初搭載機でもある。

124

第2章 アメリカの戦闘機

世界初の実用超音速戦闘機
ノースアメリカン F-100 スーパーセイバー

★★★★★★

DATA

採用：1953年　乗員数：1名　全長：16.54m　全幅：11.89m　全高：4.59m　重量：13500kg　速力：1380km/h　動力：P&W J57-P-21/21Aターボジェット（推力7264kg）×1基　武装：20mm機銃×4、1810kg爆弾　総生産機数：2292機　設計者：エドガー・シュミット　製造者：ノースアメリカン社

採用国は多くなく、アメリカ以外ではトルコ、フランス、デンマーク、台湾でのみ使用された。

F-86セイバーの後継機として開発された、世界初の超音速戦闘機。試作機の初飛行で世界初の音速超えを果たすが、低い垂直尾翼など空力設計の問題から事故が多発、一時は飛行停止に追い込まれる。しかし、改修によりこれを克服。米空軍などに配備され、ベトナム戦争に参戦した。

だが、それは制空戦闘機としてではなく、対地爆撃機としてであった。登場当時世界最高レベルだった機体も、航空機の急激な発達によりすぐに旧式化。すでに、MiG-17や19を圧倒できる性能はないと判断されたのである。時代は、レーダーが発達した、全天候格闘能力を持った戦闘機を求めるようになっていた。

125

ソ連軍戦闘機の要撃用に開発された戦闘機
コンベア F-102 デルタダガー

★★★★★★

DATA
採用：― 乗員数：1名 全長：20.83m 全幅：11.60m 全高：6.45m 重量：12770kg 速力：1328km/h 動力：P&W J57-P-23ターボジェット（推力7264kg）×1基 武装：AIM-4レーダー誘導ミサイル、誘導ミサイル×6、70mmロケット弾×24 総生産機数：1000機 設計者：― 製造者：コンベア社

米空軍では1970年までに全機退役したが、ギリシャやトルコなどに供与された機はその後も運用された。

ソビエト軍戦闘機の性能向上に危機感を抱いた米軍は、マッハ2クラスの戦闘機の開発を計画。本機は、その期間が長期になることを見越して、その間の穴を埋めるために開発された。しかし、初飛行から音速を超えず墜落するなど、製作は難航。主翼部の胴体を細くして空気抵抗を低下させる「エリアルール」を採用することなどで、ようやく完成にこぎつけている。

しかし、でき上がった機体は哨戒任務には適していたが、パワー不足で、加速性、上昇力に劣り、電子機器の耐G性の低さから対空戦闘にも制約があった。直後にF-106が登場したため、米空軍での活動期間は短い。

126

第2章 アメリカの戦闘機

主に偵察機として使用された超音速戦闘機
マクダネル F-101 ブードゥー
★★★★★★

DATA
採用：1954年　乗員数：2名　全長：20.54m　全幅：12.09m　全高：5.49m　重量：19300kg（全備）　速力：1966km/h　動力：P&W　J57-P-55ターボジェット（推力7672kg）×2基　武装：誘導ミサイル×5　総生産機数：480機　設計者：エドワード・M・フレッシュ　製造者：マクダネル社

F-101はアメリカ空軍の他にカナダ空軍、台湾空軍が採用した。

アメリカ空軍による、戦略爆撃機の長距離侵攻や護衛任務に使用できる機体という指示に応え、マクダネル社が開発した。

しかし、開発が長引く間に米空軍構想が変化、核攻撃を想定した戦略航空軍団（SAC）配備予定から、通常兵器による戦闘を行う戦術航空軍団（TAC）に移管されてしまう。これにより、米本土の防空戦闘機として使用されることになるものの、本機はその機体形状から、速度はあるが空戦能力にはやや適さない特性を持っていたのである。

従って、その後多くの機体が偵察機として改修され、80年代の初頭まで運用された。ベトナム戦争でも主力偵察機となっている。

NATO軍の標準戦闘機戦闘機となった ロッキード F-104 スターファイター

F-104はアメリカ合衆国初のマッハ2級のジェット戦闘機となった。

ミサイルを彷彿とさせる細長い機体が特徴。「最後の有人戦闘機」とも呼ばれたマッハ2級の超音速戦闘機である。

当時の戦闘機開発の傾向とは逆に、朝鮮戦争で求められたのは軽量・小型化であった。ロッキード社は胴体を細長く、かつ主翼を縮小した目新しい設計を進めた。しかし朝鮮戦争には間に合わず、対ソ連戦闘機迎撃用に、朝鮮戦争時のデータを活用して具体化に向けて開発されることとなった。

当初は、MiG-15に対抗するために開発された高速機動を焦点とした機体であり、搭載力や航続距離には不安があったが、要撃機としての上昇

★★★★★★★★
DATA

採用:1954年 乗員:1名 全長:16.69m 全幅:6.68m 全高:4.11m 重量:12970kg(全備) 速力:2125km/h 動力:ジェネラル・エレクトリック J79-IHI-11A(推力7173kg)×1基 武装:20mm機関砲×1 総生産機数:2578機 設計者:クラレンス(ケリー)・ジョンソン 製造者:ロッキード社

第2章　アメリカの戦闘機

力に優れていたことから、航空自衛隊や西ドイツ空軍では信頼が高く、NATO軍の戦闘機として配備された。

結果的にもっとも輸出の多い機体となり、日本でも採用されている。しかし事故率も多く、特にドイツでの運用はトラブルも多かった。操縦・整備ともに高度な技術を要することから発展途上国への供与はロッキードとしては消極的だったが、それでも世界の各国で長く運用される機体となった。

中でもイタリア空軍では2004年まで現役配備が続いた。ベトナム戦争のほか、印パ戦争では実戦投入の多い機体であった。この印パ戦争ではインド機を多く撃墜したほか、台湾スターファイターも中国と交戦している。交戦には至らなかったものの、ギリシャ機とトルコ機がそれぞれスターファイター同士で1974年に相対した出来事もあった。

リパブリック F-105 サンダーチーフ

初めて機体内に爆弾倉を備えた戦闘爆撃機

ベトナム戦争では主に爆撃を行いながらも、北ベトナム軍機を二十数機撃墜している。

戦闘機でありながら、初めて機体内に爆弾倉を装備した戦闘爆撃機で、いわばマルチロール機の先駆けともいえる機体であった。主な活躍の舞台となったのは、ベトナム戦争で、特に戦争初期には、北ベトナムに対するほとんどの爆撃が、この機体によって行われた。MiG-17に対しては、撃墜・被撃墜がともに存在しているため、性能はほぼ互角であったと見られている。ただし、戦闘機と戦う際には搭載していた爆弾の投棄を行っていたため、爆撃を阻止した北ベトナムが有利だったともいえる。

DATA
★★★★★★★

採用:1955年 乗員:1名 全長:20.50m 全幅:10.65m 全高:6.00m 重量:23835kg(全備) 速力:2208km/h 動力:P&W J75-P-19Wターボジェット(推力11123kg)×1基 武装:20mm機関砲×1、誘導ミサイル×4、5440kg爆弾 総生産機数:751機 設計者:アレキサンダー・カートベリ 製造者:リパブリック社

第2章 アメリカの戦闘機

現代のマルチロール機の先駆けでもあった。

コンベア F-106 デルタダート

自動兵装管制装置を搭載した戦闘機

F-106が退役した後も、後継機となる防空要撃戦闘機が開発されることはなかった。

ソ連の爆撃機編隊の襲来に備えた防空システムの開発途上で誕生した戦闘機である。

防空軍団（ADC）の主力戦闘機として主にアメリカ本土、アラスカ、アイスランド、カナダに配備され、北極を越えて襲来すると想定されたソ連の爆撃機に備えていた。

自動兵装管制装置・MA-1 AWCSを搭載したことで、離着陸時をパイロットの手でこなす以外は、完全自動で要撃戦闘できる機体であるとして、大いに期待された。しかし、冷戦後半になりアメリカ本土が攻撃される脅威が低下していくに従って、配備の必要性も薄れ、ついに実戦を経験

★★★★★★★★
DATA

採用：1956年 乗員：1名 全長：21.55m 全幅：11.67m 全高：6.18m 重量：17300kg（全備） 速力：2125km/h 動力：P&W J75-P-17 武装：20mm機関砲×1、誘導ミサイル×1 総生産機数：340機 製造者：コンベア社

第2章　アメリカの戦闘機

することはなかった。MiG-21に特性が似ていることから、仮想敵機として訓練に参加する程度に終わり運用を終えた。

性能的に劣っていたF-102デルタダガーを再設計した本機。

日本の自衛隊も採用検討した艦上戦闘機

グラマン F11F タイガー

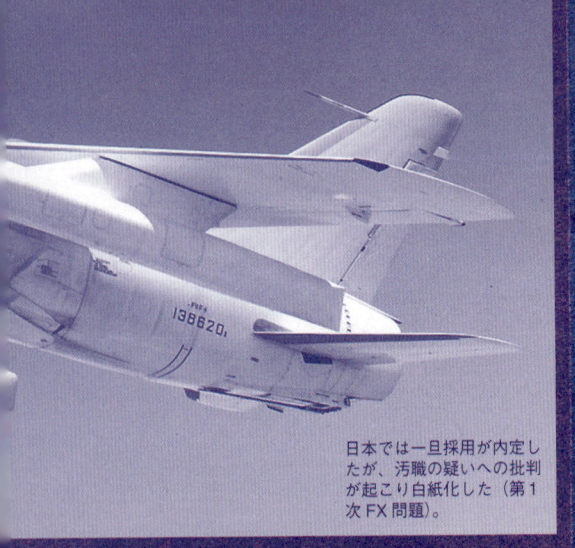

日本では一旦採用が内定したが、汚職の疑いへの批判が起こり白紙化した（第1次FX問題）。

艦上戦闘機としての配備は、1957年から1961年までと短い。ただし、離着艦性能や操縦性は非常に優れていたため、ジェット戦闘機の華として残った。

優れた運動性を誇るこの機体が開発されるまで、アメリカ海軍ではジェット戦闘機は純然たる戦闘機として、レシプロ戦闘機を戦闘爆撃機として運用していた。しかし1950年代半ばにはすでにレシプロ戦闘機は性能の限界に達していたために、戦闘爆撃機として使用できる機体が求められたのである。

信頼のおける運動性能の反面、問題になったの

★★★★★★★
DATA
採用：1957年 乗員：1名 全長：12.8m 全幅：9.6m 全高：3.8m 重量：9653kg（全備） 速力：1210km/h（最大） 動力：ライトJ65-W-18ターボジェット（推力4767kg）×1基 武装：20mm機関砲×4、誘導ミサイル×4 総生産機数：198機 設計者：― 製造者：グラマン社

第2章　アメリカの戦闘機

は、加速・上昇性能の非力さだった。これは開発過程で改良のたびに重量が増加してしまった結果であった。そのため、ジェット戦闘機の小型軽量化を目指したのがF11F「タイガー」だ。

エリア・ルール理論などを導入した初の音速艦上戦闘機として、1954年7月に初飛行。結果はマッハ1を実現、機動性もずば抜けていた。米海軍はただちに制式採用した。

しかし、採用の3年後にあたる就役予定の1957年には、海軍の方針が変わり、機動性・高速性のみならず、多目的用途が戦闘機に求められるようになっていた。そのため、洗練された機体を特色とするF11Fは多くの要求に応えられず、生産打ち切りの憂き目に遭った。

当時の他の海軍戦闘機と比べても群を抜く軽量・高速機としては重宝された。米海軍が誇る"ブルー・エンジェルス"の一員として、曲技飛行の華々しさを見せつけた。長年の間使用され、国民からも愛された。

チャンス・ボート F-8 クルーセイダー

艦上戦闘機としては初の超音速戦闘機

ベトナム戦争では多数のMiG-17を撃墜したことから「ミグ・バスター」と呼ばれた。

艦上戦闘機としては初めての、超音速戦闘機である。開発当時には、いかなる陸上機をもしのぐ高性能であり、パイロットからも扱いやすいと信頼される機体であった。

当時、F-100戦闘機が最高速度マッハ1.3だったのに対して、この機体はマッハ1.7を記録している。

主な活躍の舞台となったのはベトナム戦争で、空対空ミサイルを頼らず運動性を活かし機関砲で戦闘を行う、この機体は多数のMiG17を撃墜している。ベトナム戦争の間、キルレシオ（撃墜対被撃墜比率）は8対1とされており、極めて優

DATA
★★★★★★★★

採用：1957年　乗員：1名　全長：16.61m　全幅：10.72m　全高：4.80m　重量：15400kg（全備）　速力：2093km/h　動力：P&W J57-P-20Aターボジェット（推力7264kg）×1基　武装：20mm機関砲×4、誘導ミサイル×4　総生産機数：1259機　設計者：―　製造者：チャンス・ボート社

第2章 アメリカの戦闘機

秀だったことがわかる。運動性もさることながら、コクピットが胴体の先端に配置されていて、視界が十分に確保されていたことも有益だったのである。

空母ミッドウェイから飛び立とうとするF-8クルーセイダー。

マクダネル F-4 ファントムⅡ

全世界で5000機以上が生産される傑作戦闘機

日本でもF-15が導入されるまで主力戦闘機として防空任務を担当したF-4（日本向けに改修したF-4EJとして運用）。

アメリカ海軍が初めて採用した全天候型の双発艦上戦闘機。西側諸国がこぞって配備した傑作戦闘機として知られている。全世界で5000機以上が生産され、日本でも三菱重工によるライセンス生産が行われた。現在の主流である双発大型戦闘機の基礎となった機体である。

もっとも大きな特徴は、無給油で4260kmを飛行できる驚異的な航続距離である。パイロットの耐久力が許せば空中給油を併せて、ほぼ無限の航続が可能である。また、アメリカ海軍では初めて複座を採用しており後方にレーダー迎撃士官が乗り込み、戦闘でも圧倒的な優勢を誇ることに

★★★★★★★★ DATA

採用：1958年 乗員：2名 全長：17.78m 全幅：11.70m 全高：4.95m 重量：24767kg（全備）速力：2390km/h 動力：ジェネラル・エレクトリック J79-GE-8A ターボジェット（推力7711kg）×2基 武装：20mm機関砲×1、レーダー誘導ミサイル×8 総生産機数：5195機 設計者：デービッド・S・ルイス 製造者：マクダネル社

138

第2章 アメリカの戦闘機

なった。それまでのジェット戦闘機のミサイル搭載能力が2〜4発だったところに、この機体は8発のミサイル搭載が可能になったため、戦闘においては圧倒的なアドバンテージを持っていたのである。

機体性能もめざましく、米ソが最新鋭機を使用して記録更新を競っていた中で、1959年には高度3万1513mへの上昇記録を打ち立てソ連を圧倒した。

初実戦のベトナム戦争では、1965年6月に北ベトナム軍のMiG17を2機撃墜。これが、アメリカ軍によるベトナム戦争での初の撃墜記録であった。

現在でも日本のほか、イスラエルやトルコ、ドイツなど世界8カ国で実戦配備されている。中でもイスラエルでは実戦投入が数多く行われており、配備された1969年から1972年までの間にキルレシオが25対1でアラブ諸国を圧倒、第4次中東戦争でも一方的な戦果を上げている。

ノースロップ F-5 フリーダムファイター／タイガー

現在も使用される輸出向け軽空母艦載機

ベトナム戦争でのスコシ・タイガー作戦に投入されたF-5C（下）。

　新製品開発競争で出遅れていたノースロップが、独自に開発・設計したのが、この機体である。もともと採用されたT-38の設計をブラッシュアップする形であったが、最終的には海外への輸出に力点が置かれることになった。主な需要は冷戦を背景としたNATO同盟国への軍事援助の一環として、17カ国で採用された。低出力エンジンの軽ジェット戦闘機ながら、双発でパワーも十分に備えていた。
　1970年代はソ連のMiG-21に対しての力不足が顕著になり改良が重ねられた。そこで生まれたのがF5E／Fタイガーである。レーダー機

★★★★★★★★★★
DATA

採用：1959年　乗員：1名　全長：14.68m　全幅：8.13m　全高：4.46m　重量：4335kg　速力：1750km/h　動力：ジェネラル・エレクトリックJ85-GE-21Aターボジェット（推力2268kg）×2基　武装：20mm機関砲×2、誘導ミサイル×2、3180kg爆弾　総生産機数：2236機　設計者：ー　製造者：ノースロップ社

第2章 アメリカの戦闘機

能を充実させて迎撃力を増し、実用性も格段に上がった。そもそも航続力・搭載力では難のあった機体であったが、構造を単純にしたため整備は極めて簡便でもあった。また、単純さの一方で降着装置は頑丈に設計されていて、未舗装の滑走路でも運用できるという、まさに発展途上国向けの機体であった。そのため、ベトナム戦争中には、南ベトナム空軍が運用し、その後接収された機体はカンボジア侵攻でも使用された。1979年のイラン革命以降、対イラクの実戦でも活躍した。

本国アメリカ海軍も、実戦投入はしなかったものの、対ソ連のシミュレーションとして異機種空戦訓練に役立て、MiGによく似た機体であるF-5は、ベトナム戦争に先駆けた実戦のための貴重なデータ収集をもたらした。

現在でも現役使用する国は多く、ノースロップ以外からのシステムを組み込んだ近代化改良派生機が世界中で生まれた。スイスや、韓国を代表とするアジア各国で、今も使用されている。

グラマン F-14 トムキャット

アメリカを代表する艦上戦闘機として知られる

湾岸戦争から、コソボ紛争、アフガニスタン戦争、イラク戦争などで実戦経験したF-14。

一時、アメリカを代表する機体として知られた艦上戦闘機。長距離爆撃機から大量の空対艦ミサイルを発射する戦術をとる、ソ連軍の飽和攻撃に対抗することを目的として開発されたのが始まりである。

その後、航続距離の長さや搭載能力から、対地攻撃能力の付加が行われた。ベトナム戦争では、配備がアメリカ軍撤退後だったため、1975年のサイゴン撤退作戦の支援に使用されたのみであった。

2001年のアフガン戦争では作戦の中心として運用され、F/A-18Cよりも航続距離が長い

★★★★★★★★
DATA

採用：1973年　乗員：2名　全長：19.10m　全幅：19.54m　全高：4.88m　重量：31661kg（全備）　速力：2486km/h　動力：P&W TF30 - P-414Aターボファン（推力9480kg）×2基　武装：20mm機関砲×1、レーダー誘導ミサイル　6577kg爆弾　総生産機数：712機　設計者：―　製造者：グラマン社

142

第2章 アメリカの戦闘機

ことから、もっとも多くの戦果を上げることになった。一時、日本でも購入が計画されたがF-15との競争に敗れ見送られた。

マクダネル（現ボーイング） F-15 イーグル

現在までに撃墜された公式な記録が存在しない名機

冷戦下のアメリカ空軍とマクダネル・ダグラス社を代表する戦闘機のF-15。

数々の実戦経験がありながら、現在までに採用国では撃墜された公式な記録が存在しない名機だ。原型機の初飛行から40年を過ぎながらも、その性能は世界トップクラスの地位を保っている。

ただ、その性能の高さゆえに1機当たりのコストも高価となり、購入することができたのは、日本のほかイスラエルとサウジアラビアという経済大国に限られた。電子戦能力が高まったことから、空中戦で性能を示す機会も限られていて、明確に空中戦が発生したのは湾岸戦争、コソボ紛争、イラク戦争に限られている。湾岸戦争では、3機のMiG-29と3機のミラージュF1を撃墜している。

★★★★★★★★
DATA

採用：1972年　乗員：1名　全長：19.43m　全幅：13.05m　全高：5.63m　重量：30845kg　速力：2656km/h　動力：P&W F100-PW-220ターボファン（推力10637kg）×2基　武装：20mm機関砲×1、レーザー誘導ミサイル×12、10705kg爆弾　総生産機数：1233機　設計者：ジョージ・グラーフ　製造者：マクダネル・ダグラス社

第2章 アメリカの戦闘機

サウジアラビア軍が運用した機体は、イラン・イラク戦争中の1984年に領空に侵入したイラン空軍のF-4戦闘機と2対2で戦闘し撃墜する戦果を上げている。結果的に現行の主力戦闘機が前代の主力戦闘機を撃墜した興味深い戦闘として記録されている。また、サウジアラビア軍は、湾岸戦争でもイラクのミラージュF1を2機撃墜する戦果を上げている。

すでに後継機のF-22、F-35への更新が進められており、現役での実戦配備は在日米軍と在欧米軍のみとなっている。ところが、現在でも世界トップクラスの性能を維持し続けているのに加え、ソ連の崩壊で、この性能を凌駕する機体が登場する可能性が低くなったことから、機体更新の必要の是非は、米議会でも論議の的になった。オバマ大統領は、F-22の生産ラインの閉鎖を決定、本機の機体寿命を8000時間から1万時間に引き上げることを決定したため、今後も現役での運用が続くことになりそうだ。

F-16 ファイティング・ファルコン
ジェネラル・ダイナミクス（現ロッキード・マーチン）

世界の20カ国以上に採用されている多用途戦闘機

湾岸戦争、ボスニア紛争、コソボ紛争、イラク戦争などほとんどの戦地に赴いている。

全天候に対応する多用途戦闘機として登場した機体。すでに製造数は4500機を超えていて、世界の20カ国以上に採用されている戦闘機である。一世代前のF-4やソ連のMiG-21には及ばないものの現有機では随一であり、現在でも2100機余りが就役中だとされている。手頃な価格で高い性能を手に入れることができるので、中規模の空軍で多用されている。

この機体は、アメリカの政治と兵器の輸出とが結びついていることを象徴する機体だ。エジプトやヨルダンなどの親米国には輸出が認められているのに対して、核兵器開発を独自に行ったパキス

★★★★★★★★★★
DATA
採用：1978年 乗員：1名 全長：15.03m 全幅：9.45m 全高：5.09m 重量：19187kg（全備） 速力：2125km/h 動力：ジェネラル・エレクトリックF100-PW-100ターボファン（推力12519kg）×1基 武装：20mm機関砲、レーザー誘導ミサイル×4 総生産機数：4500機 設計者：— 製造者：ジェネラル・ダイナミクス社

第2章 アメリカの戦闘機

タンは、突然追加購入を禁止されているこのように、F-16の採用状況を見れば、アメリカとの友好関係がよくわかるのである。

現在でも、多くの国で運用中であるが、2020年代からはF-35への更新が進むと見られている。しかし、オバマ政権の方針転換を経て、アメリカ空軍ではF-16を2025年まで運用できるように改修を進めている。また、アラブ首長国連邦など最新型を運用している国もあり、当初の予定よりも長く、2025年以降も運用されると考えられている。

同盟国では、この機体を基にして独自開発をすることも行われており、日本ではF-2の原型として使っている。台湾のF-CK-1も、ジェネラル・ダイナミクスの協力によって、F-16級の能力を目標に自主開発されたものである。韓国のT-50は、ロッキード・マーチンの協力でF-16をベースに開発されたものである。このように、類似機体も多いことが特徴である。

ボーイング F/A-18A〜D ホーネット

多くの戦争・紛争に派遣された米海軍戦闘機

湾岸戦争、イラク戦争を中心に、これまで多くの戦争や紛争に派遣されているF/A-18。

米海軍の主力攻撃戦闘機として1980年代から継続して利用されている。この機体の原型となったのは、ノースロップのYF-17だったが、米海軍はYF-17を艦載機に改造するための計画をマクダネル・ダグラス（現ボーイング）と締結した。

その理由は、ノースロップに艦上機の開発実績がないためとされていたが、採用後にマクダネル・ダグラスが海外向けに地上機としての利用を前提にセールスを行ったため訴訟にもなった。

湾岸戦争では、電子誘導兵器による攻撃を行う主力となり、主に地上目標の破壊に成果を上げて

★★★★★★★
DATA

採用：1978年　乗員：1〜2名　全長：17.07m、全幅：11.43m　全高：4.66m　重量：22328kg（全備）　速力：1192km/h　動力：ジェネラル・エレクトリックF404-GE-400ターボファン（推力7258kg）×2基　武装：20mm機関砲×1、レーザー誘導ミサイル×6　総生産機数：1480機　設計者：—　製造者：マクダネル・ダグラス社

第2章 アメリカの戦闘機

いる。また、コソボ紛争ではB-52爆撃機の護衛にあたっており、汎用性の高い機体であることを知らしめた。

1990年の湾岸危機時、「砂漠の盾」作戦参加のために集まったF-15E。

ロッキード F-117 ナイトホーク

アメリカ軍がひた隠しにしていた最強ステルス戦闘機

湾岸戦争ではステルス性を活かしてイラク爆撃を行う活躍を見せた。

アメリカ空軍がその存在を10年間にわたって秘密にしてきた世界初の本格的ステルス戦闘機、それがF117だ。機体構成はレーダーの電波を一定方向に反射させるために曲線を避け、すべて平面のみの多面体構成となっている。これは空気力学からすると不安定な形状だが、コンピューター制御によって安定した飛行を可能としている。その他にもコクピットの透明部分には金を材料としたコーティングが施され、エンジン排気口にも断面を細長い角形にすることで外気を取り入れて排気温度を下げる工夫がなされているなどと随所にステルス性を高める処置がなされている。

DATA
★★★★★★★★★☆

就役：1982年　乗員数：1名　全長：20.09m　全幅：13.21m　全高：3.78m　重量：23814kg　速力：956km/h　動力：GE F404-GE-FID2ターボファン×2基　武装：爆弾など900kg　総生産機数：64機　設計者：―　製造者：ロッキード社

150

第2章 アメリカの戦闘機

戦闘機を示す接頭記号"F"がついているものの、固定射撃兵装はおろか敵機の接近を知るレーダーすら搭載しておらず、空中戦闘能力は皆無といっていい。そのためこの機体の真価は、その高いステルス性能を存分に活かして敵国領空に侵入、唯一の武装である兵器倉扉に懸架された爆弾で地上の軍事目標を攻撃するといった特殊任務で発揮されることとなる。

1989年のパナマ侵攻で初めて実戦投入、1991年の湾岸戦争でのイラク爆撃で華々しい戦果を上げ、一躍有名になった。また、1999年にはNATO主導のコソボ平和維持活動に加わってセルビアに攻撃を加えているが、その際に機械的な故障によって1機が撃墜されている。また2001年のアフガニスタン攻撃やイラク戦争にも投入されているが、2008年4月22日をもって全機が退役。その特異なフォルムと真っ黒な塗装から「ステルス機」の代表機としていまだに根強い人気を誇る機体だ。

マクダネル・ダグラス（現ボーイング） F-15E ストライクイーグル

F-111の後継機として開発されたマルチロール機

F-15から受け継いだ対空戦闘能力が特徴のF-15E。サウジアラビア、韓国、シンガポールなどで運用される。

　F-111の後継機として開発された第4.5世代ジェット戦闘機に分類されるマルチロール機である。アメリカ空軍では、搭載可能兵器の多様性と大搭載量への評価から、F-22やF-35Aとともに主力戦闘爆撃機として2035年まで全戦力を運用し続ける予定としている機体である。

　湾岸戦争後に開発された、バンカーバスター・GBU-28を運用できる唯一の機体としても知られており、イラク戦争をはじめとする数々の戦争で戦果を上げている。

　当初は、あまりに高価な機体であったため裕福な一部の国を除いては採用が見送られたが、現在

★★★★★★★★
DATA

採用：1986年　乗員：2名　全長：19.44m　全幅：13.05m　全高：5.63m　重量：11113kg　速力：3060km/h　動力：P&W F100-PW-229ほか　武装：20mm機関砲×1ほか　総生産機数：334機　設計者：―　製造者：マクダネル・ダグラス社

第2章　アメリカの戦闘機

ではF-22の登場を経て積極的に海外への売り込みが行われており、採用国は増加している。

1990年の湾岸危機時、「砂漠の盾」作戦参加のために集まったF-15E。

ロッキード・マーチン/ボーイング F-22 ラプター

第五世代に分類されるステルス戦闘機

2007年2月から同年5月まで、沖縄県嘉手納基地に暫定的に一時配備されていたF-22。

　第五世代ジェット戦闘機に分類されるステルス戦闘機である。

　開発が始まったのが冷戦下であったため、当初の試算では1996年から調達を開始し750機を配備する予定だったが、冷戦の終結によって大幅に予定が変更された。2005年から実戦配備は始まったものの機数は試作機を含めても197機に止まった。そのため、一機当たりのコストは約1億5000万ドルと世界でももっとも高額な機体となってしまった。

　現段階では、世界最強の戦闘機とされているが、まったく実戦に参加した経験のない戦闘機になっ

★★★★★★★ **DATA**

採用:1997年 乗員:1名 全長:18.92m 全幅:13.56m 全高:5.05m 重量:24948kg(全備) 速力:2124km/h 動力:P&W F119-PW-100 ターボファン(推力15268kg)×2基 武装:20mm機関砲×1、誘導ミサイル×6 設計者:― 製造者:ロッキード・マーチン社

154

第2章 アメリカの戦闘機

ている。運用コストに加えて技術流出への懸念から、アメリカ以外への供給も行われていない。

ロッキード・マーチン社とボーイング社による共同開発の末誕生した。

ボーイング F/A-18E/F スーパーホーネット

F/A-18A〜Dホーネットの発展型戦闘機

　F/A-18A〜Dホーネットの発展型として開発された戦闘攻撃機。ホーネットを超越していることから、スーパーホーネットの愛称がついた。F/A-18A〜Dの改良機種ではあるものの、多くの変更が行われたため、共通で使用される部品は、わずか1割程度にすぎない。もっとも大きな変更点は機体の大型化で、17.07mから18.31mとなった。それに伴って、翼の面積も拡大している。こうした大型化によって、燃料タンクの容量が増加し航続距離は延びたとされているが、速度性能は低下しているともされる。ただ、実戦経験に乏しいために、問題点の詳細は明らか

★★★★★★★★★
DATA
全長：18.31m　全幅：13.62m
全高：4.88m　重量：14522kg
速力：1958km/h　動力：ジェネラル・エレクトリック F414-GE-400 ターボファン×2基　武装：20mm機砲×1、誘導ミサイル　総生産機数：500機　設計者：―　製造者：マクダネル・ダグラス社

第2章　アメリカの戦闘機

イラク戦争などの実戦に参加し、アメリカ海軍のほかにオーストラリア空軍でも採用されている。

スーパーホーネットはほかの航空機に空中給油をすることもできる。

になっていない。騒音が激しいため、配備が遅れているともされる機体だ。

ロッキード・マーチン F-35 ライトニングⅡ

多機能を兼ね備えた第五世代ジェット戦闘機

愛称の「ライトニングⅡ」は、かつて第二次世界大戦で活躍したP-38ライトニングにちなんだものだ。

統合打撃戦闘機計画に基づいて開発された、第五世代ジェット戦闘機である。現在でも開発は継続されており、初期作戦能力の獲得が2017年の予定とされている最新鋭機である。現代の戦闘機開発の主流に沿ってマルチロール機として開発されており、これまでにない任務遂行能力があるとされている。すでに、イギリス・日本でも採用が決定しているが、開発の遅延やコストの増大により、先行きを不安視する声も多い。

現段階では公開されていない情報も多いが、アンテナやセンサー類を内部に収めて、従来の機体よりもサイズを小型化したことで、レーダーのみ

★★★★★★★
DATA

採用:2006年　乗員:1名　全長:15.67m　全幅:10.7m　全高:4.33m　重量:31800kg（全備）　速力:2065km/h　動力:P&W F135ターボファン×1基　武装:25mm機関砲×1、各種誘導ミサイル　総生産機数:63機　設計者:―　製造者:ロッキード・マーチン社

158

第2章　アメリカの戦闘機

ならず目視での発見も困難だとされている。

同一の機体を持つ3種類の形式が製造されており、基本型の通常離着陸（CTOL）機であるF-35A、短距離離陸・垂直着陸（STOVL）機のF-35B、艦載機（CV）型のF-35Cに分類されている。

開発費が高騰したこともあってか、販売価格は当初の予定よりも高額になると見られており、採用を決定していたイギリスではB型の購入予定をC型に切り替える措置も見せている。

こうした事態を受けて、ロッキード・マーチンが販売国ごとに異なる値段を提示していることなども報じられており、今後の配備計画には暗雲が漂っている。A型の導入を予定していた日本でも、当初は1機当たり約89億円だった予定が、2012年の契約時には96億円に値上げ。さらに、今後、1機当たり150億円となる可能性も示唆されている。

まだあるアメリカの戦闘機

ノースアメリカン P-64

ヴァルティー P-66 バンガード

第2章 アメリカの戦闘機

ダグラス P-70

フィッシャー P-75イーグル

ジェネラル・ダイナミクス F-111 アードバーク

第2章　アメリカの戦闘機

マクダネル F3H（F-3）デーモン

第2章 アメリカの戦闘機

試作のみに終わった主な戦闘機

グラマン　XF5F　スカイロケット

バルティー　XP-54　スウース・グース

カーチス　XP-55　アセンダー

マクダネル　XP-67　バット

第2章 アメリカの戦闘機

ベル　XP-77

カーチス　XF14C

ボーイング　XF8B

カーチス　XF15C

第2章　アメリカの戦闘機

ベル　YFM-1　エアラキューダ

ノースアメリカン　F-107

第2章 アメリカの戦闘機

ロッキード XP-49

カーチス XP-62

第3章
イギリスの戦闘機

バトル・オブ・ブリテンを戦ったスピットファイアからデ・ハビランド ベノム、
ホーカー ハンターなど質実剛健なイギリスの戦闘機。

英国最後の複葉戦闘機
ホーカー フューリー

★★★★★★★

DATA
採用：1930年　乗員：1名　全長：8.13m　全幅：9.15m　全高：3.09m　重量：1583kg　速力：333km/h　動力：ロールス・ロイス「ケストレル」IIS水冷V型(640馬力)×1基　武装：7.7mm機銃×2　総生産機数：230機　設計者：シドニー・カム　製造者：ホーカー社

ユーゴスラビアの他、ノルウェーやポルトガル、スペインなどで運用された。

1929年にホーカー社が独自開発した複葉戦闘機。当時主流だった鋼管麻布張り構造で頑丈ながら、ロールス・ロイスの新型水冷V型12気筒エンジンFXを採用したことで速度333km/h、10000フィートまでの上昇時間4分25という高性能ぶりを発揮。英空軍に採用されたが、エンジンの供給不足や高価といった理由によりタングミーアの第43飛行中隊、ホーキンジの第25飛行中隊、タングミーアの第1飛行中隊に配備されるに留まる。1935年からはケストレルVI型640馬力を搭載された新型が1938年まで生産された。また複数国に輸出され、特にユーゴスラビアでは40機が生産された。

第3章 イギリスの戦闘機

複葉戦闘機では究極の完成度

グロスター グラディエイター

★★★★★★

DATA
採用：1937年1月　乗員：1名　全長：8.36m　全幅：9.83m　全高：3.22m　重量：2206kg　速力：414km/h　動力：ブリストル「マーキュリー」IX（830馬力）×1基　武装：7.7mm機銃×4　総生産機数：378機　設計者：H.P.フォーランド　製造者：グロスター社

日本軍とも戦闘を繰り広げたが、高性能の九七式戦闘機の相手ではなかった。

　グロスター社製の戦闘機であるゴーントレットがベース。空冷星型エンジンを装備し、試作機が最高速度389km/hを記録。武装も7.7mm機銃×4（機首2、主翼下2）とゴーントレットの倍になり、英国航空省はすぐに生産発注を行いグラディエイターと名付け制式採用した。1937年から納入が始まったが、第二次世界大戦ではホーカー ハリケーンなどに機種更改され補助部隊に再配備されることに。それでもフランスやノルウェーなどの戦場ではいくつかの戦果を上げてはいる。ちなみに、1938年1月には中華民国が36機の同機を配備し、日本軍との戦闘に用いた。

173

バトル・オブ・ブリテンでイギリスを救う

ホーカー ハリケーン

★★★★★★

DATA
採用：1936年3月　乗員：1名　全長：9.83m　全幅：12.19m　全高：4.04m
重量：3479kg　速力：547km/h　動力：ロールス・ロイス「マーリンXX」(1185馬力)×1基　武装：7.7mm機銃×12　総生産機数：14000機以上　設計者：シドニー・カム　製造者：ホーカー社

バトル・オブ・ブリテンでは敵機の総撃墜数の過半数を稼ぎ出したハリケーン。

第二次世界大戦期間中、イギリスの制空権の獲得のために行われた一連の航空戦「バトル・オブ・ブリテン」で死闘を繰り広げ、多くの爆撃機を撃墜したイギリス空軍を代表する名機。あのスピットファイアよりも多くの敵機を撃墜したともいわれているほどだ。原型機は1935年に製造され、機体は翼や胴体が木材、エンジンやコクピットは鋼管をアルミニウム合金で覆ったもの。量産型のMk.Iは1030馬力のロールス・ロイスマーリンエンジン、8挺のブローニング7.7mm機関銃で武装していた。旧式の構造であり、世界恐慌と戦時が重なる中でも逆に生産性を向上させ、総生産数は14000機を超えている。

174

第3章 イギリスの戦闘機

独空軍でさえ憧れた英雄戦闘機

スーパーマリン スピットファイア

★★★★★★

DATA
採用：1936年3月　乗員：1名　全長：9.12m　全幅：11.23m　全高：3.86m　重量：3078kg　速力：602km/h　動力：ロールス・ロイス「マーリン45」過給機付V型水冷12気筒（1470馬力）×1基　武装：7.7mm機銃×4〜6　総生産機数：20351機　設計者：R.J.ミッチェル　製造者：スーパーマリン社

編隊飛行するスピットファイアMk.XⅡ。

1931年、スーパーマリン社の主任設計技師であったR・J・ミッチェルが開発に着手。癌に冒された体で命を削り、5年近い歳月を掛け全金属製でありながら先進的な機体構造を実現。試験飛行で557km／hを記録し、1936年に航空省から310機のスピットファイアが発注された。バトル・オブ・ブリテンでは劣勢にあるドイツ空軍のヘルマン・ゲーリングに「どんな戦闘機があれば英空軍に勝利できるか」と詰問されたパイロットのガーランドが、「英空軍のスピットファイアが欲しい」と答えたほど。イギリス人が誇りとし、機体と同名の交響曲まで作曲されている。

ダイナモ作戦では独機65機を撃墜
ボールトンポール デファイアント
★★★★★

DATA
採用：1937年8月　乗員：2名　全長：11.10m　全幅：11.99m　全高：3.46m 重量：3900kg（全備）　速力：489km/h（最高）　動力：ロールス・ロイス「マーリン3」(1030馬力)×1基　武装：7.7mm機銃×4　総生産機数：210機　設計者：―　製造者：ボールトンポール社

昼間戦闘機としては失敗に終わったものの夜間戦闘機としては一定の評価をされている。

ボールトンポール社製の単発レシプロ複座戦闘機。特徴なのは前方固定機銃を一切持たず、コクピット後部に、爆撃機などにはよく見られる4連装の動力銃座を背負った「多連装旋回銃塔」を持つことだ。銃塔と複座ゆえに全備重量が3900kg、最高速度489km/hと鈍足で機動性が低く上昇性能も悪い。1939年に生産型の納入が始まり、連合軍が大陸から撤退するダイナモ作戦の初戦闘では、戦術的奇襲に成功し独機65機を撃墜し戦果を上げる。しかし、上昇力も低いことから前方や腹部方向からの攻撃に無力であり、夜間戦闘機として運用されることになる。ちなみにデファイアントは「挑戦的」という意味。

第3章 イギリスの戦闘機

英国空軍初の単座双発戦闘機
ウエストランド ホワールウィンド

★★★★★★

DATA
採用：1938年10月　乗員：1名　全長：9.83m　全幅：13.72m　全高：3.53m　重量：4697kg　速力：579km/h　動力：ロールス・ロイス「ペリグリン1」液冷V型12気筒（885馬力）×1基　武装：20mm機関砲×4、227kg爆弾×2　総生産機数：114機　設計者：―　製造者：ウエストランド社

双発機としては小型で、胴体も細身なので鉛筆のように見えたといわれる。

1938年に初飛行したホワールウィンドは、ウエストランド・エアクラフト社にとっても初めてイギリス空軍に採用された双発戦闘機である。文字通り、双発エンジンで胴体も細身にまとめられた鉛筆型で、20mm機銃を4門積む「軽量小型快速の迎撃用機」として期待された。しかし、肝心の小型軽量ロールス・ロイス・ペリグリンエンジンの故障が多く、小型の機体には前述以外のエンジン搭載は不可能。さらに着陸速度が速かったため使用できる飛行場が限られるなど、機体の稼働率も低かった。1941年にはブレニム軽爆撃機の護衛任務を行ったりしたが、結局は翌年2月に112機をもって生産が終了された。

失敗艦上戦闘機となった大怪鳥
ブラックバーン ロック
★★★★★★

DATA
採用：1939年4月　乗員：2名　全長：10.84m　全幅：14.02m　全高：3.68m
重量：3614kg　速力：359km/h　動力：ブリストル「パーシュースXII」空冷星型9気筒（890馬力）×1基　武装：7.7mm機銃×4　総生産機数：136機　設計者：ブラックバーン社　製造者：ボールトンポール社

「ロック」とはアラビアの伝説における大怪鳥のこと。

英海軍初の急降下爆撃機となったスキュアを開発したブラックバーン社製。スキュアの艦上急降下爆撃機の操縦席後部に、7.7mm機銃×4挺装備の銃座を搭載し、代わりに主翼の機銃を全廃して開発。1938年12月23日にテスト飛行するも、スキュアよりもさらに遅い速度を記録。それでも第800海軍航空隊と第803海軍航空隊に配備され、艦隊上空の戦闘哨戒に用いられたが、ドイツ機の迎撃には性能不十分のレッテルが貼られさほど機動せず。1940年の夏、ダイナモ作戦の支援で唯一の撃墜戦果の記録がある程度。失敗作の艦上戦闘機ゆえ改良型もなく、修理部品の不足により1943年に引退。

第3章 イギリスの戦闘機

単発レシプロ複座型のフルマカモメ

フェアリー フルマー

★★★★★★

DATA

採用：1940年1月 乗員：2名 全長：12.27m 全幅：14.14m 全高：4.27m
重量：4850kg（全備） 速力：398km/h 動力：マーリンⅢ 武装：7.7mm機銃×8 総生産機数：606機 設計者：― 製造者：フェアリー社

機名は北大西洋などの島々や海岸で繁殖するフルマカモメの意。

軽爆撃機だったフェアリー社の「バトル」を基に、英海軍の艦載戦闘機として開発された単発レシプロ複座艦上戦闘機。武装は7.7mm機関銃8挺。本機は要求仕様は満たしていたが、複座のおかげで全備重量は4850kgで速度もMk.Ⅰでも400km/hを超えることができず、最終的にはおよそ20の海軍航空隊がフルマーを配備。しかし、第二次大戦では馬力不足が表面化し、エンジン出力強化や重量軽減策のMk.Ⅱ、機上レーダーを搭載した夜間戦闘機型も製作。また、1942年2月に803、806中隊がセイロンに派遣された際に日本軍と戦った記録もある。

失敗機の汚名払拭のヤーボ
ホーカー タイフーン

★★★★★★

DATA
採用：1940年2月　乗員：1名　全長：9.73m　全幅：12.66m　全高：4.65m
重量：5030kg　速力：652km/h　動力：ネピア製セイバー2Aエンジン　武装：
20mm機関砲×4、450kg爆弾×2　総生産機数：3330機　設計者：シドニー・カ
ム　製造者：ホーカー社、グロスター社

第二次世界大戦でもっとも成功した戦闘爆撃機のひとつに数えられる。

当時の英国軍の主体機「スピットファイア」、「ハリケーン」の後継機として、イギリス航空省は機銃12挺装備、速度100km/h増を目指し2000馬力級の高速迎撃戦闘機開発を提示し、ホーカー社が開発に着手。要求を満たすため開発途上にあったロールス・ロイス製、ネピア社製の2種類の強力なエンジンを試すも、どちらも問題が表面化。結局、ネピアのセイバーエンジン搭載型が量産されるが、構造上の欠陥により墜落が多発。迎撃機としての運用は諦め、低空性能に優れたことから戦闘爆撃機に使用された。ノルマンディー上陸作戦ではドイツ地上軍に対し多くの戦果を残し、「ヤーボ」と呼ばれ恐れられた。

第3章 イギリスの戦闘機

名機ハリケーンをCAMシップ搭載用に改造
ホーカー シーハリケーン

★★★★★★

DATA
採用：1936年 乗員：1名 全長：9.83m 全幅：12.19m 全高：4.04m 重量：3358kg 速力：550km/h 動力：ロールス・ロイス「マーリンXX」1300馬力×1基 武装：7.7mm機銃×12 総生産機数：約800機 設計者：シドニー・カム 製造者：ホーカー社

編隊飛行を行うシーハリケーン Mk.IB。

第二次大戦のイギリス空軍を代表する戦闘機となった「ハリケーン」をベースに、武装商船のカタパルトからの射出や小型空母での運用ができるように改造が施された機体。1941年から既存機からの改修・新規生産で250機が製造。高性能艦上戦闘機の不足に悩んでいた英艦隊に搭載され、実に175回の航海に参加したとされる。しかし、当時は射出したきり着艦できるシステムが整っておらず、一度射出したら陸上基地で降りるか、または海面への不時着を余儀なくされていた。射出用の滑走器具と着艦用フックを取り付けた「Mk.IB」に改造されてからは、船団を守る戦力として重宝される。

対日本軍戦闘も行った戦闘機兼偵察爆撃機
フェアリー ファイアフライ
★★★★★★

DATA
採用：1941年　乗員：2名　全長：11.64m　全幅：13.56m　全高：3.84m　重量：6030kg　速力：513km/h　動力：ロールス・ロイス「グリフォンXII」液冷V型12気筒（1990馬力）×1基　武装：20mm機関砲×4、27kg爆弾×16　総生産機数：1702機　設計者：H・M・チャップリン　製造者：フェアリー社

戦後にはイギリス海軍をはじめ、カナダ、オーストラリアでも使用された（写真はカナダ海軍所属のファイアフライ）。

艦上戦闘機に制空以外に攻撃、偵察等も担わせるため「航法士」を兼ねた観測員が同乗できる複座戦闘機として作られたのが、ファイアフライである。主翼後縁には新たに特許を得たフェアリ・ヤングマン式フラップを装備し、低速下でも翼をしっかり引き上げる高揚力を実現した。これで空母への着艦性能を保有し、さらに各国の艦爆と同等以上の爆装能力まで備えていた。英国軍は戦闘機兼偵察爆撃機として重用し、単一生産数としては生産数が群を抜いて多く、戦中、戦後合わせて1702機。1943年10月から部隊配備が始まり、大戦末期には日本近海へ展開した航空母艦から日本本土への攻撃にも参加した。

第3章 イギリスの戦闘機

「トーチ作戦」で戦果を挙げた艦上機

スーパーマリン シーファイア

★★★★★★★

DATA
採用：1941年 乗員：1名 全長：9.83m 全幅：11.23m 全高：3.25m 重量：3625kg 速力：631km/h 動力：ロールス・ロイス「グリフォンⅣ」 武装：20mm機銃×2、7.7mm機銃×4、227kg爆弾 総生産機数：― 設計者：レジナルド・ジョゼフ・ミッチェル 製造者：スーパーマリン社

「シーファイア」とは「不知火」の意。

第二次大戦勃発時、まともな艦上戦闘機を持たなかったイギリス海軍が航空省に「スピットファイア」の艦上機化を要請。そして1941年、スピットファイアMk.Vに応急的にカタパルト用フックとアレスティング・フックを取り付けて離着艦テストを行い、艦上機として運用に問題なしとの結果から、着艦フックや折りたたみ式の主翼などの艦上機用装置を装備した「シーファイア」が生産された。初期型のMk.ⅠBは主に転換訓練用だったが、一部の機体は第一線で使用された。1942年11月8日より行われた、連合国軍によるモロッコとアルジェリアへの上陸作戦「トーチ作戦」では空戦による戦果も上げている。

イギリス空軍における最高速機のひとつ
ホーカー テンペスト

★★★★★★

DATA
採用：1942年　乗員：1名　全長：10.26m　全幅：12.49m　全高：4.90m　重量：5176kg　速力：695km/h　動力：ネピア「セイバーⅡA」液冷H型24気筒（2340馬力）×1基　武装：20mm機関砲×4　総生産機数：1500機　設計者：―　製造者：ホーカー社

戦後はキプロス、イラク、エジプトなどに配備された。

2000馬力級のセイバーエンジンを積みながら、トラブル続出で運用が難航していたタイフーン戦闘機の発展型として1943年から量産開始。薄い層流翼装備機に改造し、燃料タンクの胴体内移設など大幅に変更されたことで機体名も「テンペスト」に変更。量産型Mk.ⅤはセイバーⅡエンジンを搭載し、最高速度で687km/hを記録。イギリス空軍における最高速機のひとつであり、中低高度においては全連合軍中で最も高速であった。ドイツ空軍が開発したミサイル兵器「V1飛行爆弾」の迎撃にも活躍した。

第3章　イギリスの戦闘機

「大空」の名がつく機体は、飛ばずスクラップに

ウエストランド ウェルキン

★★★★★★

DATA
採用：1942年　乗員：1名　全長：12.67m　全幅：21.30m　全高：4.80m　重量：8970kg　速力：623km/h　動力：ロールス・ロイス「マーリン76/77」液冷12気筒（1650馬力）×2基　武装：20mm機関砲×4　総生産機数：75機　設計者：―　製造者：ウエストランド社

生産された機のほとんどすべてが実験機として消費されたという説もある。

エンジントラブルが多く稼働率の低かった双発戦闘機「ホワールウィンド」の設計をベースに、主翼とエンジンを高々度向けに変更し与圧式操縦席を持つ機体として製作された。当初の英国軍の要求は高度13000mで最高速度720km/h、という非常に過酷なものだった。途中から要求性能が緩和され1942年11月に試作機が初飛行。最高速度で637km/hとまずまずの結果を残し、70機生産される。しかし、ドイツ軍による高高度爆撃などの恐れが非常に薄くなってきたことで、実戦に参加する機会は失われる。当機は75機（+原型2機）の製作に終わり、組み立て中の機体はスクラップとなった。

連合国軍初の実用ジェット戦闘機

グロスター ミーティア

★★★★★★

DATA
採用：1943年　乗員：1名　全長：13.10m　全幅：13.11m　全高：3.96m　重量：6258kg　速力：660km/h　動力：ロールス・ロイスW.2B/23「ウエランド」(推力771kg)×2基　武装：20mm機関砲×4　総生産機数：3924機　設計者：ジョージ・カーター　製造者：グロスター社

世界初の実用ジェット戦闘機メッサーシュミットMe262に数週間遅れて実戦配備された。

連合国軍側初の実用ジェット戦闘機である。1941年、設計は第二次大戦時のレシプロ双発単座戦闘機に近いことから順調に進み、翌年春には8機の試作が開始。当初は生産型のF1型を「サンダーボルト」と命名予定だったが、太平洋戦争開戦後にアメリカ製戦闘機リパブリックP-47との競合を避けるため、「ミーティア」に改称された。1号機はアメリカが開発した"ジェット戦闘機YP-59Aエアラコメット"と交換するため米陸軍へ。そして1944年7月に英空軍第616飛行隊がミーティアの最初の実戦ジェット機部隊となり、英本土へ飛来するV-1ロケット迎撃などに活躍した。

第3章 イギリスの戦闘機

時代にのまれた2代目「救国の戦闘機」
スーパーマリン スパイトフル

★★★★★★★

DATA
採用:1944年 乗員:1名 全長:10.03m 全幅:10.67m 全高:4.08m 重量:4513kg 速力:760km/h 動力:「グリフォン69」液冷V型12気筒(2375馬力)×1基 武装:20mm機関砲×4 総生産機数:17機 設計者:― 製造者:スーパーマリン社

「スパイトフル」は「意地が悪い」の意。

「救国の戦闘機」と呼ばれたスーパーマリン社の名機スピットファイアの後継機として開発された戦闘機だ。最初こそスピットファイアXⅣをベースに設計していたが、本来の胴体設計が最新の層流翼理論を盛り込んだ新主翼に適合できず、結局新型の機体を一から開発することに。そして生まれた「スパイトフル」は太目の胴体に、層流翼の主翼、そして主脚は内側に引き込む形に変更された。速度性能は最初の生産型Mk.14が760km/hの最高速度をマークし、期待通りの結果になった。しかし、第二次大戦の終結やジェット戦闘機の登場により、発注は大幅に削られ、最終的に生産機数は17機に留まったのだった。

カーチス トマホーク/キティホーク

大量生産で多数供与された米国戦闘機

本来は「P-40」という名のアメリカ陸軍の戦闘機。性能面では平凡だったが、量産体制が整っていたこともあり、他の戦闘機の補完的存在として連合国各国にも多数が供与される。中でもドイツとの戦争が間近に迫っていた英仏が軍事力強化のために注目し、特に英国は防弾タンク装備の機体を求めた。

イギリス軍ではC型までをトマホークと呼び、1940年末以降、総計885機、D型からをキティホークと呼び1942年以降に1758機を英空軍に引き渡している。本機は高高度性能が低いことから、主に地中海方面での戦闘機や支援機

★★★★★★★★
DATA
採用：1938年 乗員：1名 全長：9.67m 全幅：11.37m 全高：3.77m 重量：2686kg 速力：570km/h 動力：アリソンV-1710-99 武装：12.7mm機銃×6 総生産機数：― 設計者：― 製造者：カーチス・ライト社

第3章 イギリスの戦闘機

イギリス空軍のキティホークMkⅡ。

2005年頃に撮影されたキティホーク。

の役割が多かった。F型以降の愛称はウォーホークとも呼ばれている。

イギリス海軍の最後のプロペラ式戦闘機
ホーカー シーフューリー
★★★★★★★

DATA
採用：1944年9月　乗員：1名　全長：10.57m　全幅：11.70m　全高：4.83m 重量：4195kg　速力：740km/h　動力：ブリストル「セントーラス」空冷18気筒星型　武装：20mm機銃×4、454kg爆弾×2　総生産機数：860機　設計者：— 製造者：ホーカー社

朝鮮戦争時にはMiG-15の追撃から逃れ空母に帰還したり、同機の撃墜も記録している。

イギリス海軍の最後のプロペラ式戦闘機で、ホーカー社のハリケーン、タイフーン、テンペストと続いた通称「嵐」シリーズの最終機でもある。3000hpもの大出力を誇るブリストル・セントーラスを搭載し、軽量化のため機体全体にモノコック構造を採用するなどプロペラ機ながら最高速度740km／hを記録した。

1944年に初飛行するも翌年5月にドイツが降伏したためヨーロッパ方面の戦闘は終結したため発注数は大幅減。それでも朝鮮戦争において活躍し、艦隊軽空母グローリー、オーシャン、テセウスなどに搭載され、数多くの戦果を上げた。カナダやオランダ、エジプトなどにも輸出され、長く愛された。

第3章 イギリスの戦闘機

度重なる仕様変更に泣いた単座艦上戦闘雷撃機
ブラックバーン ファイアブランド

★★★★★★

DATA
採用：1945年　乗員：1名　全長：11.81m　全幅：15.63m　全高：4.04m　重量：5197kg　速力：563km/h　動力：ブリストル「セントーラスIX」空冷18気筒　武装：20mm機銃×4　総生産機数：170機　設計者：―　製造者：ブラックバーン社

6年もの歳月をかけて開発されたが、結局第二次大戦に間に合わず戦果はない。

当初はイギリス海軍のための複座の艦載戦闘機として開発が始まるが、要求仕様が20mm機関砲4門を積んだ単座の戦闘機に変更。試作機のエンジンには当時最も強力だったネピア・セイバーIII液冷24気筒（離昇出力=1694KW=2300馬力）が搭載されるはずだったが、ホーカー社のタイフーンに割り当てられてしまったため、主要生産型では星形空冷のブリストル・セントーラスエンジンに変更されている。結果、度重なる設計変更により第二次世界大戦に配備された機体は生産前大戦T.Iと初期型のTF.IIのみ。量産型納入は終戦後となり、ほとんどの機体はスクラップとして廃棄された。

対日本戦用だった木造長距離戦闘機
デ・ハビランド DH103 ホーネット

★★★★★★

DATA
採用：1945年 乗員：1名 全長：11.18m 全幅：13.72m 全高：4.32m 重量：9450kg 速力：756km/h 動力：ロールス・ロイス「マーリン130」液冷12気筒（2070馬力）×2基 武装：20mm機関砲×4、ロケット弾×8 総生産機数：380機 設計者：― 製造者：デ・ハビランド社

第二次大戦には間に合わず、戦後には主に極東方面の対地攻撃に使用された。

「木造機の奇跡」と呼ばれた名機モスキートの流れを汲み、対日本戦用長距離戦闘機として作られたのが本機である。木製胴体を持つが主翼は木金混合に変更し、胴体は鋭く形成され、当時最高峰のエンジンであったロールス・ロイス・マーリン130を搭載。最高速度はイギリス製プロペラ機中最高の776km／hを記録。さらに長距離戦闘機として最大4000kmを超える燃料容量もあり、英国軍期待の機体に。しかし、最初の納入は1945年4月で戦争終結に間に合わず。対日本戦への投入は行われなかった。その後、ゲリラ鎮圧などに用いられるが、航空機のジェット化の波にのまれ第一線を退いた。

第3章 イギリスの戦闘機

双胴双尾翼の単発ジェット戦闘機
デ・ハビランド バンパイア

★★★★★★

DATA
採用：1944年 乗員：1名 全長：9.4m 全幅：11.6m 全高：2.69m 重量：5620kg 速力：882km/h 動力：デ・ハビランド「ゴブリン3」ターボジェット（推力1520kg）×1基 武装：20mm機銃×4、ロケット弾、910kg爆弾 総生産機数：約3500機 設計者：― 製造者：デ・ハビランド社

多くの国でライセンス生産されたバンパイア（写真はカナダ空軍のバンパイアF3）。

第二次世界大戦後のイギリス空軍が、実戦配備した最初の単発ジェット戦闘機である。ジェットエンジンの空気圧縮性問題を避けるため、単発エンジンの双胴双尾翼という特異な形状を持つ機体となった。原型機は1943年9月に初飛行し、量産型1号機が完成したのはドイツ降伏直前の1945年4月20日であった。ジェット黎明期の時代にバンパイアは成功作であり、約20種の形式合わせて3500機以上が生産され各国の空軍に導入されている。もっとも多く生産されたのは戦闘爆撃機型のFB.5。晩年は練習機型として生産され1990年まで長く活躍した。

航空魚雷を搭載した戦闘雷撃機「飛竜」
ウエストランド ワイバーン

★★★★★★

DATA
採用：1953年 乗員：1 全長：12.9m 全幅：13.4m 全高：4.6m 重量：11110kg 速力：631km/h 動力：アームストロング・シドレー「パイソン3」ターボプロップ 武装：20mm機関砲×4、魚雷、爆弾、ロケット弾 総生産機数：127機 設計者：W・E・W・ペッター 設計者：— 製造者：ウエストランド社

唯一の実戦参加は1956年に勃発した第二次中東戦争で、その後1958年に全機退役した。

戦闘雷撃機「ブラックバーン ファイアブラント」の後継機として製作される。当初はロールス・ロイス社製のレシプロエンジン・イーグルを搭載し、1946年12月にはテスト飛行も行われていた。しかし、ロールス・ロイス社はジェットエンジンの開発に専念することから、製造元のウエストランド社は搭載エンジンをアームストロング・シドレー社製のパイソンに変更。この結果、ギアボックスの設計を変更するなど開発は長期化。結果、実戦配備されたのは1953年から。英国海軍航空隊の中で基本性能は戦闘攻撃機や駆逐機と変わりないが、航空魚雷を搭載可能で英語で「飛竜」という名が付けられた。

第3章　イギリスの戦闘機

第二次中東戦争での英国海軍主力戦闘機
ホーカー シーホーク
★★★★★★

DATA
採用：1947年9月　乗員：1名　全長：10.06m　全幅：11.89m　全高：2.03m
重量：6950kg　速力：961km/h　動力：ロールス・ロイス「ニーン103」ターボジェット(推力2360kg)×1基　武装：20mm機関砲×4、900kg爆弾　総生産機数：― 　設計者：―　製造者：ホーカー社

インドに輸出された機は第三次印パ戦争で実戦投入され1984年まで現役だった。
©Smudge 9000

　第二次大戦の終結直前、ジェット推進の波を受けてホーカー社が開発を始める。機体胴体内には1基の遠心圧縮式ターボジェットエンジンを搭載し、二またのジェット筒により胴体両脇に排気する方式を採用していた。1947年9月に原型1号機が初飛行したが、英国空軍はグロスター社の「ミーティア」の配備を始めていたために興味を示さず。代わりに英国海軍が提示した仕様書に合わせて完成させ、折りたたみ主翼とカタパルト取り付け装置を備える機体になり実戦配備。イギリス海軍の主力艦上戦闘機として第二次中東戦争などで活躍し、1950年代後半から輸出が開始されドイツでも運用された。

195

毒蛇などの毒を持つ双胴ジェット戦闘機
デ・ハビランド ベノム

★★★★★

DATA
採用：1949年 乗員：1名 全長：10.70m 全幅：12.7m 全高：2.03m 重量：6950kg 速力：961km/h 動力：デ・ハビランド「ゴースト103」ターボジェット（推力2199kg）×1基 武装：20mm機関砲×4、爆弾、ロケット弾 総生産機数：約1100機 設計者：― 製造者：デ・ハビランド社

バンパイアに代わる戦闘爆撃機として主に使用された。
©Tony Hisgett

「バンパイア」FB・Mk5の機体を流用して作られた双胴ジェット戦闘機だ。ベース機が直線翼だったのに対して、本機はなだらかな後退翼にするなどデザイン面でも大幅に変更。性能向上のためエンジンをデ・ハビランド・ゴブリンからより強力なデ・ハビランド・ゴーストに換装したことで、速度も最高961km/hとバンパイアよりも100km以上向上した。後継となる「ホーカー ハンター」の就役が遅れたこともあり、1962年まで英空軍では使用された。のちにレーダーを搭載した艦上全天候戦闘機型「シーベノム」を、フランスのSNCASE社がライセンス生産し、仏国軍で活躍した。

第3章 イギリスの戦闘機

英海軍を代表する全天候艦上ジェット戦闘機
デ・ハビランド シーベノム

★★★★★★

DATA
採用：1949年 乗員：1名 全長：11.20m 全幅：13.10m 全高：2.0m 重量：7170kg(全備) 速力：961km/h 動力：デ・ハビランド「ゴースト105」ターボジェット(推力2405kg)×1基 武装：20mm機関砲×4、爆弾、ロケット弾 総生産機数：259機 設計者：― 製造者：デ・ハビランド社

ベノムNF.2を基に開発されたシーベノム。
©RuthAS

　ジェット戦闘機「ベノム」の夜間戦闘機型をベースに機首にレーダーを搭載、レーダー要員を搭乗させるため並列複座コクピットにしたタイプをベースに開発されたのが本機である。空母での運用のため主翼を折りたたみ式にし、アレスティング・フックを装備、水面下での脱出を可能とするキャノピーの採用などの改修が行われた。イギリス海軍で1954年から配備されると1961年まで活躍を続けた。各型合計259機が生産され、フランスのシュド・エスト社で「アキロン」の名称でも本機がライセンス生産されている。本機の成功は名機「シービクセン」に受け継がれていく。

双ブーム型航空機の集大成機

デ・ハビランド シービクセン

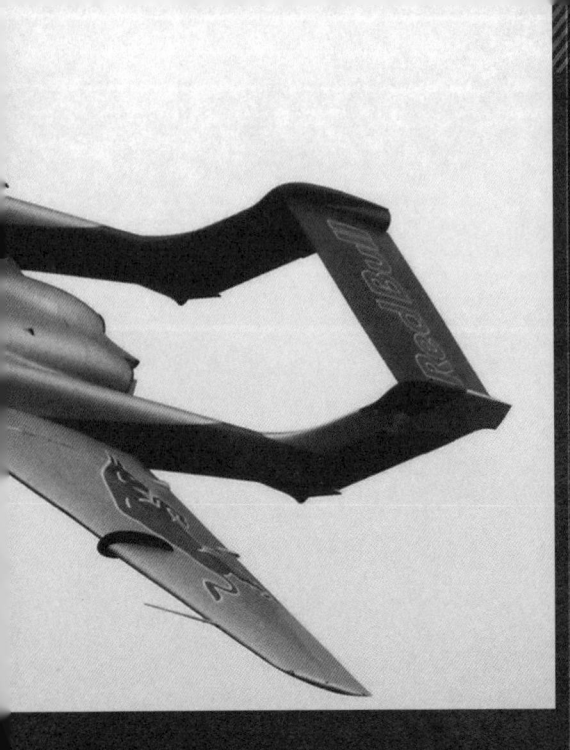

第二次世界大戦後のジェット戦闘機黎明期に、デ・ハビランド社がバンパイア、ベノムに続く双ブーム型航空機の集大成として誕生させたのが本機である。1955年に英国海軍の比較試験を受け、グロスター ジャベリンを破り大量受注を得ることに成功。シービクセンFAW.1は最初の量産型であり、最高速度は1110km/hを誇り空対空ミサイルや通常爆弾を装備可能、艦隊防空だけではなく攻撃能力も兼ね備えた機体として評価された。1962年には改良型であるMk2が開発され尾翼支持部にも燃料を搭載することで航続距離を延ばし、レッドトップAAMを搭載

★★★★★★★★
DATA

採用：1951年　乗員：2名　全長：16.95m　全幅：15.25m　全高：3.30m　重量：18000kg(全備)　速力：1040km/h　動力：ロールス・ロイズ「エーボンR・A24」ターボジェット（推力5100kg）×2基　武装：ロケット弾×28、誘導ミサイル×4、450kg爆弾　総生産機数：143機　設計者：―　製造者：デ・ハビランド社

第3章 イギリスの戦闘機

シービクセンは主に中東やアフリカで警戒任務に従事した。

可能とした。1972年でシービクセンは退役している。

2009年の航空ショーで飛行するシービクセン。

グロスター ジャベリン

イギリス空軍初の超音速デルタ翼機

太い胴体、厚手の主翼といった外貌から"フラット・アイロン"という愛称で呼ばれた。
イギリスでは初めて設計段階から全天候戦闘機として開発された本機は、加速性・高速域での運動性に優れた特性を持つ「デルタ翼」が英空軍に採用された。
試作機ではマッハ1を超える「超音速飛行」が可能だったが、1952年の試験飛行で墜落、パイロットが死亡する事故が発生。そのため失敗防止を理由に前縁角度が緩められたため、1000km/h程度の速力となってしまった。
ジャベリンの開発では度重なる試作機改良が行

DATA
★★★★★★★★

採用：1951年　乗員：2名　全長：17.17m　全幅：15.85m　全高：4.88m　重量：14324kg　速力：1141km/h　動力：アームストロング・シドレー「サファイアAS」ターボジェット×2基　武装：30mm機関砲×4、赤外線誘導ミサイル×4　総生産機数：436機　設計者：ジョージ・カーター　製造者：グロスター社

第3章 イギリスの戦闘機

3機編隊で曲技飛行を披露する第64飛行隊のジャベリンFAW.6。

われている。主翼の空気抵抗によって引き起こされる操縦不能は、前述の事故の原因にもつながった。レーダー・システム導入のほか、武装も紆余曲折しているが充実度は高く、赤外線誘導ミサイルほか、30mm機関砲も当時としては豊かな攻撃力を誇るものであった。ドッグファイトに最も向いた機体だったともいわれている。

実戦配備は量産型であるジャベリンFAW.1（F（AW）Mk.I）がオディハム空軍基地でグロスター・ミーティアを装備する第46飛行隊に加わった。

本土のみならず、極東にも多く配備され、インドネシアでの作戦行動にも参加している。1964年のインドネシア機撃墜にも関与したとされているが、実態は明かされていない。トルコとローデシアの関係悪化の折には、キプロスやシンガポールといった紛争地帯にも配備された。他に西ドイツにも置かれ、テスト飛行などで重宝されつつ1968年まで使われ続けた。

ホーカー ハンター

イギリス初の後退翼ジェット戦闘機

ホーカー社「シーホーク」の翼を後退翼に修正して作られたイギリス初の後退翼ジェット戦闘機。ロールス・ロイス製の軸流式ターボジェットエンジン「エーボン」を搭載し、1953年には世界最速の戦闘機として記録を残している。機動性に優れ、ADEN 30mm機関砲を4門搭載するなど火力も強力。部隊配備は1954年7月からイギリス空軍で開始されるが、同時期に米国、ソビエト連邦でハンターを超える超音速機が開発されてしまい、ヨーロッパ諸国では早い段階で退役している。しかし、様々な紛争に直面していた発展途上国においては、対地攻撃機として長く運用

★★★★★★★☆

DATA

採用:1951年 乗員:1名(単座型)、2名(複座型) 全長:13.98m
全幅:10.26m 全高:4.01m
重量:6532kg 速力:1130km/h 動力:ロールス・ロイス「エーボンMk207」ターボジェット
武装:30mm機関砲×4 総生産機数:1972機 設計者:― 製造者:ホーカー社

第3章　イギリスの戦闘機

大半は退役しているがレバノンでは現役で運用されている。

された。現在も日本の米軍基地に度々飛来している。

イギリスだけでなくスウェーデンやスイスなどでも使用されている。

フォーランド ナット

名作映画でも使用された超小型ジェット戦闘機

イギリスでは採用されなかったが、フィンランド、インドなどで戦闘機として活躍した。

戦闘機の大型化、高性能化が進む1950年代に、重戦闘機の潮流に逆らって生産にかかる労力1/5、価格も1/3という"小型化"に挑んだのがフォーランド社のナットだ。

9m未満の胴体で、重量は3000kgにも届かない、まさに超軽量を実現。

主翼は後退翼で高翼配置、低出力ながらブリストル社製のターボエンジン「オーフュース」を搭載しており、最高速度は1120km/hを記録することとなった。

しかし、小型すぎるゆえに武装の搭載量や航続距離が物足りないのも事実で、小型機の性能は発

★★★★★★★★
DATA
採用：1947年 乗員：1〜2名 全長：8.74m 全幅：6.73m 全高：2.46m 重量：2175kg 速力：1120km/h 動力：ブリストル「オーフュース 701-01」ターボジェット 武装：30mm機銃×2 総生産機数：— 設計者：— 製造者：フォーランド社

第3章 イギリスの戦闘機

揮されながらも英空軍では残念ながら戦闘機としては採用されなかった。

結果、練習機としてウエールズ・バレー基地の第4飛行訓練学校や、イングランド・リトルリシントンの中央飛行学校などで将来のパイロットを育てた。

輸出面でも意気が揚がらず、各国の軽戦闘機需要は大きくはなかった。しかし、わずかながら輸出の例はある。欧州ではフィンランド、インドでも購入された。特にインド輸入当時はパキスタンとの交戦状態ということもあって、ナットの数少ない使用例をつくった。

また、1991年にアメリカで製作されたチャーリー・シーン主演映画「ホット・ショット」でも実際に飛行しているシーンが収められている。徹底した軽量・小型化の原理は、のちに各国で軽戦闘機開発に役立った。このナットの存在が貴重なデータをもたらすこととなった。まさに早すぎた超小型戦闘機といえよう。

稲妻的速さを持つマッハ2級迎撃戦闘機

イングリッシュ・エレクトリック ライトニング

マッハ2のスピードでイギリスの空を守るライトニング。

クレメント・アトリーの労働党政権下で軍事費抑制が図られ、超音速機では米国・ソ連に大きく遅れをとっていた英国軍。1947年にようやく将来戦闘機に転換可能な「超音速研究機ER.103」仕様案が公表される。これに呼応したのは爆撃・偵察機キャンベラ開発に成功したイングリッシュ・エレクトリック社だ。

最大の特徴は2基のジェットエンジンを前後にずらした上で縦に並べて配置するという搭載方法。これにより並列配置よりも胴体を細くでき空気抵抗を減らせ、さらに片方のエンジンが停止してもトリムが変化しないというメリットを生ん

★★★★★★★★
DATA
採用：1960年 乗員：1名 全長：16.84m 全幅：10.62m 全高：5.97m 重量：23000kg 速力：2415km/h 動力：ロールス・ロイス「エーボン」301R ターボジェット（推力7427kg）×2基 武装：30mm機関砲×2 総生産機数：255機 設計者：テディ・ペッター、フレデリック・ペイジ 設計者：― 製造者：イングリッシュ・エレクトリック社

第3章 イギリスの戦闘機

しかし、燃料タンクが機体下部から飛び出す形で設置されているため、高温になりやすくオイル漏れから火災になる事故が多発し、特に空中火災で数多くの機体を喪失している。また主翼は60度と大きな後退角度付きで、主脚が格納されるため大型の胴体下部燃料タンク前部のハードポイントが設置できず、基本武装は胴体下部燃料タンク前部のADEN30mm機関砲2門のみ。

試作1号機が1954年5月に初飛行し、水平飛行でマッハ1.2、緩降下でマッハ1.4を記録。数々の改良がなされ、推力7427kgと強力なエイボンエンジンを搭載した戦闘機型増加試作機は1957年4月4日に初飛行する。そして、1958年のファーンボロー国際航空ショーの場で「ライトニング」という名称が公表された。本格的な迎撃レーダーを持つマッハ2級超音速戦闘機としてイギリス空軍の防空能力を飛躍的に向上させたが、1974年からファントムとの交代が開始され、残っていた2機も退役したのだった。

まだあるイギリスの戦闘機

ビッカース 432

スーパーマリン スイフト

第3章 イギリスの戦闘機

サンダース・ロー SR.A/1

スーパーマリン シーファング

第3章　イギリスの戦闘機

スーパーマリン アタッカー

サンダース・ロー SR.53

第4章
ドイツの戦闘機

戦中の名機として名高いメッサーシュミットBf110や、He162、Ta152など、
国内の厳しい開発競争を勝ち抜いたドイツの戦闘機たち。

新生ドイツ空軍、最初の主力戦闘機
ハインケル He51

★★★★★★

DATA

採用：1933年 乗員：1名 全長：8.40m 全幅：11.00m 全高：3.20m 重量：1460kg 速力：330km/h 動力：BMW IV73Z液冷V型12気筒（750馬力）×1基 武装：7.92mm機銃×2 総生産機数：458機 設計者：ギュンター兄弟 製造者：ハインケル社

結局、特に優れた所のない平凡な戦闘機だったHe51。

ヴェルサイユ条約による航空機製造禁止が緩和されていたため、本機もスポーツ機の名目で開発が進められていた。1930年台初頭にはハインケルの設計者としては双子のギュンター兄弟が加わり、優れた性能を持つ複葉戦闘機He49aを開発。極秘裏に生産し続けて、ナチスが政権奪取して再軍備宣言をするとHe51Aは新生ドイツ空軍の主力戦闘機として大いに宣伝された。ただ速度は時速330km/h、と同時代の他国の複葉戦闘機と比べて、スピードでも性能面でも見劣りした。落下燃料タンクを備えた長距離型He51B、10kg爆弾を搭載できる戦闘爆撃機型He51Cなど派生型も多い。

アラド Ar68

再軍備宣言に向け極秘裏に製作された戦闘機

★★★★★★

DATA
採用：1934年　乗員：1名　全長：9.50m　全幅：11.00m　全高：3.30m　重量：1840kg　速力：305km/h　動力：ユンカース「ユモ」210Da 液冷倒立V型12気筒　武装：7.92mm機銃×2　総生産機数：―　設計者：―　製造者：アラド社

部隊配備されてほどなくメッサーシュミットBf109が配備されたため、生産数は削減された。

再軍備宣言に向けて空軍の再建を図るナチ党の命令により、極秘裏に複葉の戦闘機を開発していた航空機メーカー・アラド。ベース機となった「Ar66a」は1932年に初飛行し、1942年末から東部戦線においてGo145とともにソ連軍への夜間嫌がらせ攻撃部隊の主要装備となった。そして1934年に初飛行した「Ar68」は元々BMW社製V型エンジンを搭載していたが、トラブルが多く性能も不十分なものだった。そこで生産型は、ユンカース社製の過給器付き倒立V型エンジンを搭載したE型、BMWエンジンのF型の2パターンが作られている。

メッサーシュミット Bf110

開発仕様書を無視して作られた駆逐機

ドイツ航空省は1935年に「戦略重戦闘機開発仕様書」を配布、各航空機会社に設計案提出を求めた。そこで提出されたフォッケ・ウルフ社「FW57」、ヘンシェル社「Hs124」が要求通りの大型機体のなか、本機は戦闘機としての性能を重視した高速機であった。「最小の機体に強力なエンジン」をコンセプトに、全金属製セミ・モノコック構造、一般的な尾輪式、左右の主翼に1発ずつのエンジンと、オーソドックスな設計である。空軍内でも賛否両論が巻き起こったが、空軍司令官ヘルマン・ゲーリング元帥に気に入られ1939年初めから部隊配備が始まる。夜間戦闘およ

★★★★★★★★
DATA
採用：1939年 乗員：3名 全長：13.05m 全幅：16.25m 全高：4.18m 重量：9900kg 速力：550km/h 動力：ダイムラー・ベンツ 601B-1 液冷倒立V型12気筒（1475馬力）×2基 武装：37mm機関砲×2、20mm機関砲×2、7.92mm機銃×2 総生産機数：6170機 設計者：ウィリー・メッサーシュミット 製造者：メッサーシュミット社

214

第4章　ドイツの戦闘機

本機はスカンジナビア侵攻や西方電撃戦、バトル・オブ・ブリテンなどに投入された。

び迎撃、爆撃、偵察など、様々な用途に用いられ活躍した。ドイツではこのような機体を駆逐機と呼ぶ。

最強戦闘機といわれたドイツ空軍の名機

フォッケ・ウルフ Fw190 ヴュルガー

クルト・タンク技師による洗練された空力設計により、優れた速度性能と加速力を持つフォッケ・ウルフ「Fw190」。第二次世界大戦時、最強の戦闘機といわれたドイツ空軍の名機である。スペインでのBf109の欠陥による事故多発の反省から、Bf109と英軍スピットファイアを超える性能を目指した単座戦闘機として開発がスタート。当初ドイツはBf109を補佐する任務を考えていた。

当時主流だった液冷エンジンではなく、空気抵抗を受けやすい形をしているが高出力の空冷エンジンを搭載しているのが特徴。機体形状を工夫す

★★★★★★★
DATA
採用：1938年　乗員：1名　全長：8.80m　全幅：10.50m　全高：3.95m　重量：3980kg　速力：610km/h　動力：BMW 801Dg 空冷星型14気筒　武装：7.92mm機銃×2、20mm機関砲×4　総生産機数：20000機以上　設計者：―　製造者：フォッケ・ウルフ社

第4章　ドイツの戦闘機

日本にも輸入され、実際に三式戦闘機「飛燕」などと模擬空戦を行い、その性能を試された。

ることによって抵抗を減らし、Bf109を上回る性能と頑丈さを実現している。

高性能だけではなく、量産性に配慮した設計のコンポーネント化や整備の容易さもあり、終戦までに2万機以上生産され、戦闘爆撃機型や爆撃機型、高速偵察機型など様々な派生型が誕生。

もちろん前線支援でも活躍。さながら「軍馬」のごとく過酷な戦場で闘い抜いた。

特にドーバー海峡上の制空権争いでは英国のスピットファイアMk.Vを実戦で圧倒して各国に衝撃を与えた。本機の空冷エンジンに触発された英軍はスピットファイア改良を指示することになる。英軍などの連合軍は巻き返しを図り、高性能機を登場させてFw190を圧倒していく。

Fw190の優秀性が自らの首を絞めたといえよう。防空戦闘機として配備され、ドイツ空襲に際しては対重爆で戦果を上げた。しかしこちらも相手側の開発が進んだことにより、逆転の憂き目に遭う。愛称の「ヴュルガー」とは、日本語で百舌（もず）のことである。

217

メッサーシュミット Me210

トラブル続出の駆逐戦闘機Bf110の後継機

同盟国日本へ研究用に1機送られたがライセンス生産までには至らず。

Bf110の後継機として開発が進められたMe210。

★★★★★★★
DATA

採用：1941年 乗員：2名 全長：12.96m 全幅：16.40m 全高：4.30m 重量：9750kg 速力：563km/h 動力：ダイムラー・ベンツDB 601F（1350馬力）×2基 武装：20mm機関砲×2、13mm機銃×2、7.92mm機銃×2 総生産機数：— 設計者：ウィリー・メッサーシュミット 製造者：メッサーシュミット社

第4章　ドイツの戦闘機

重武装と長大な航続性能を持つ駆逐戦闘機Bf110の後継機として開発されたのが、メッサーシュミット社「Me210」だ。急降下爆撃能力を有し、原型機が完成する前にドイツ空軍から1000機の発注がなされる。しかし、空力設計上若干問題があり、きりもみ飛行に陥る危険があった。根本的な欠陥を持っていたが軍の要請により量産化が強行され、1941年末には東部戦線に送られている。結果、問題点は改善せず前線部隊ではトラブルが続出し、1942年4月で生産中止に。事の重大さからメッサーシュミット博士が軍事裁判にかけられる事態になるが、過去の功績もあり有罪にはならなかった。

メッサーシュミット Me163 コメート

ドイツのロケットジェット戦闘機

　ナチスドイツが第二次大戦後期に開発した実用ロケット戦闘機である。無尾翼グライダーの研究者であったアレクサンダー・リピッシュ博士が、1939年にハインケル社と共同開発した試作機He176の性能が悪かったことから、一度ドイツ航空省から開発打ち切りを告げられる。しかし、リピッシュ博士がメッサーシュミット社で初飛行させたMe163Aは、1941年10月のテストで最高速度1011km/hを記録するなど航空省に衝撃を与えた。1943年から量産型Me163B-0が第一線に配備されるも、エンジンの燃焼時間の短さや、上空で燃料が切れるな

★★★★★★★★
DATA
採用：1943年　乗員：1名　全長：5.75m　全幅：9.30m　全高：2.50m　重量：3885kg　速力：950km/h　動力：ヴァルター「HWK」109-509A-1　武装：20〜30mm機関砲×2　総生産機数：279機　設計者：アレクサンダー・リピッシュ　製造者：メッサーシュミット社

220

第4章　ドイツの戦闘機

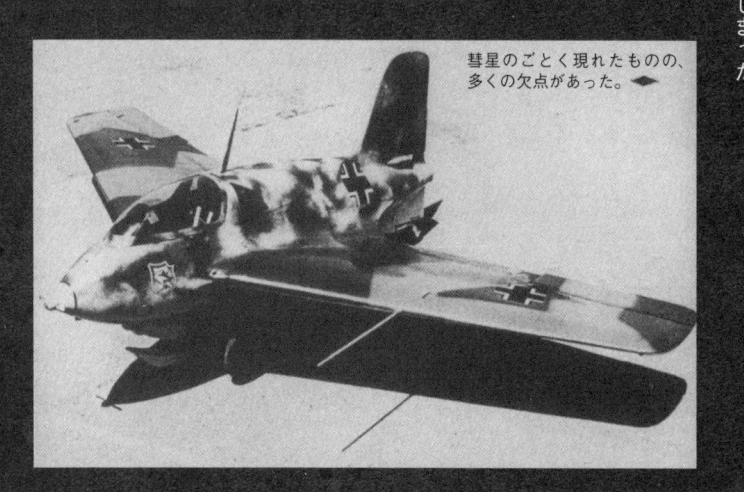

本機は航空機史上唯一の実用ロケット推進戦闘機であった。

彗星のごとく現れたものの、多くの欠点があった。

ど多数の欠点もあり、連合軍戦闘機のカモにされてしまった。

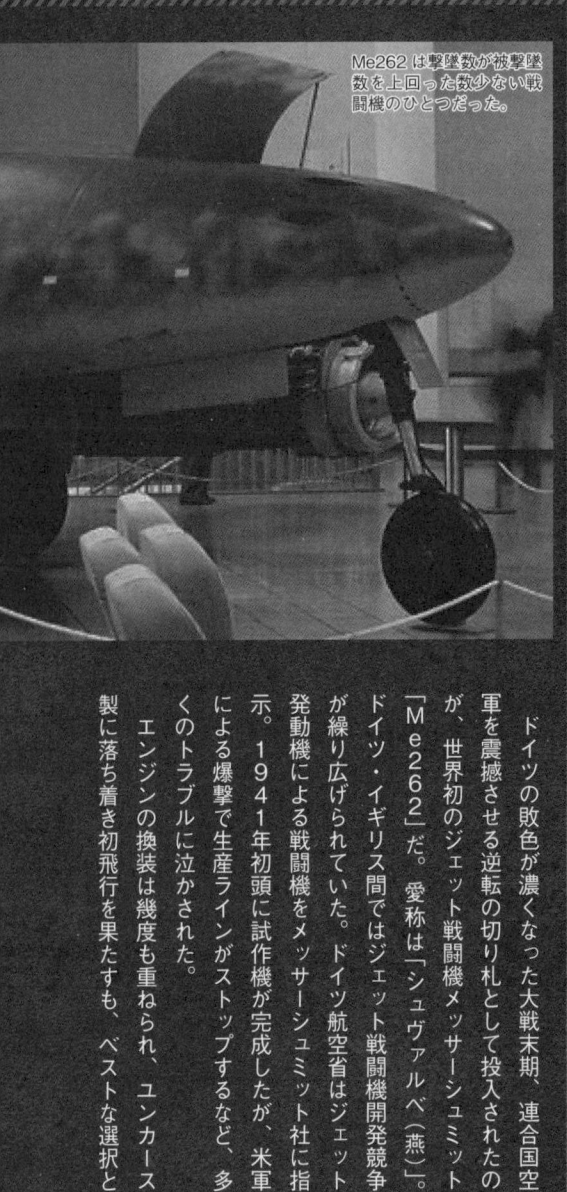

メッサーシュミット Me262 シュヴァルベ

ひと足遅かったドイツ軍の最終兵器

Me262は撃墜数が被撃墜数を上回った数少ない戦闘機のひとつだった。

ドイツの敗色が濃くなった大戦末期、連合国空軍を震撼させる逆転の切り札として投入されたのが、世界初のジェット戦闘機メッサーシュミット「Me262」だ。愛称は「シュヴァルベ（燕）」。ドイツ・イギリス間ではジェット戦闘機開発競争が繰り広げられていた。ドイツ航空省はジェット発動機による戦闘機をメッサーシュミット社に指示。1941年初頭に試作機が完成したが、米軍による爆撃で生産ラインがストップするなど、多くのトラブルに泣かされた。エンジンの換装は幾度も重ねられ、ユンカース製に落ち着き初飛行を果たすも、ベストな選択と

★★★★★★★★
DATA

採用：1943年 乗員：1名 全長：10.60m 全幅：12.50m 全高：3.50m 重量：7130kg 速力：870km/h 動力：ユンカース「ユモ」004B-1 ターボジェット（推力900kg）×2基 武装：30mm機関砲×4 総生産機数：1433機 設計者：― 製造者：メッサーシュミット社

第4章　ドイツの戦闘機

いえるわけではなかった。しかし戦闘機隊を率いるガーラント少将は本機の可能性を見抜き、ヒトラーに生産を進言するも許可は下りなかった。のちにヒトラーに見初められるも「爆撃機として使え」という命令によって戦闘爆撃機として制式採用される。しかし戦闘機型としての改良も同時に進められた。戦闘機として戦列に加わるが、すぐには目立った戦果を上げられずにいた。しかし45年3月にガーラント中将指揮下の第44戦闘部隊に加わると、レシプロ機を圧倒する性能を見せつけ、56機の撃墜を果たした。夜戦型は英軍機「モスキート」を蹴散らし、連合軍相手に奮戦。

しかし、遅まきながらの活躍に対し「Me262」の生産は間に合わず、軍需工場からの輸送も連日の爆撃のせいで、困難を極めた。偵察機や全天候に対応したバージョンも開発されたが、大戦に間に合わなかった。ドイツ敗戦後に連合国に押収された際にはその性能の確かさで連合側を驚かせ、米・英・ソの各国にジェット機の開発を急がせた。

メッサーシュミット Me410 ホルニッセ

数多の連合軍爆撃機を撃ち落としたスズメバチ

イギリス空軍博物館に展示されたMe410A-1/U2。

★★★★★★★
DATA

採用：1943年 乗員：2名 全長：12.48m 全幅：16.35m 全高：4.28m 重量：9651kg 速力：624km/h 動力：ダイムラー・ベンツ 603A 液冷倒立V型12気筒（1750馬力）×2基 武装：7.92mm機銃×2、13mm機銃×2、20mm機関砲×4 総生産機数：1160機 設計者：— 製造者：メッサーシュミット社

第4章 ドイツの戦闘機

多数の墜落事故を招いた長距離戦闘機Me210の生産が1942年4月に中止になり、新規型式として製作が始まったのが本機である。大きな変化は大型化されたことと、より強力なダイムラー・ベンツ603Aエンジンへの換装だ。エンジン性能が向上したことで、最高速度を625km／hへと増強し、また上昇率、実用上昇限度の顕著な改善が見られた。課題だったきりもみ飛行も改善されて、英軍のモスキートに匹敵する運動性能を示す成功機になった。ドイツ防空の要の駆逐機として数多くの連合軍爆撃機を撃ち落とした。ちなみに「ホルニッセ」の愛称は、日本ではスズメバチという意味である。

ハインケル He219 ウーフー

連合国が恐れた「真夜中の狩人」

第二次世界大戦下、英空軍によるドイツ本土への夜間爆撃の激しさが増す中で、ドイツ連邦軍初代空軍総監ヨーゼフ・カムフーバーがハインケル社に要請し誕生したのが双発の本機である。洗練された細い胴体フォルムに、視界の広いコクピット、頑丈な前輪式降着装置、圧縮空気式の射出座席など、当時としては最新のメカニズムを盛り込んでいた。

原型1号は最高時速615km/hを記録し、夜間戦闘機の中で、最も高速であった。実践でも天敵であったデ・ハビランド モスキートを撃墜するなど、数多くの戦果を上げてその高性能ぶり

★★★★★★★
DATA

採用：1942年 乗員：2名 全長：15.54m 全幅：18.50m 全高：4.40m 重量：15300kg 速力：615km/h 動力：ダイムラー・ベンツ 603G 液冷倒立V型12気筒×2基 武装：20mm機関砲×2、30mm機関砲×2 総生産機数：約268機 設計者：ー 製造者：ハインケル社

第4章　ドイツの戦闘機

初陣は1943年6月1日の夜、デュッセルドルフに飛来した英空軍爆撃機5機の撃墜だった。

He219の胴体。

を示した。愛称の「ウーフー」(ワシミミズク) も相応しい名称だった。

ドルニエ Do335 22L

前後プロペラ、前後エンジンを持つオオアリクイ

最重要量産機指定を受け、空軍から38機の発注を受けるも、生産工場が空襲によって壊滅してしまう。

スマートな機首と細い胴体から「空飛ぶ鉛筆」と呼ばれた「Do17」を製作するなど、奇抜な戦闘機で有名なドイツの航空機製作会社のドルニエ社。本機「Do335A戦闘爆撃機型」も液冷V字型エンジンを胴体前後に装備し、さらに機体後方にもプロペラがある十字型尾翼を持つなど風変わりなスタイルの単座重戦闘爆撃機だ。

まず後部プロペラを持つがゆえに、脱出時の巻き込み事故を防ぐための圧縮空気式射出座席をいち早く採用。そしてエンジンを前後に並べたことにより、すべての推進力を一直線上に集中できるという強みを持ち、また細身のシルエットもあり

DATA

★★★★★★★☆

採用：1942年 乗員：1名 全長：13.85m 全幅：13.80m 全高：5.00m 重量：1380kg 速力：770km/h 動力：ダイムラー・ベンツ 603E 液冷倒立V型12気筒（2000馬力）×2基 武装：15mm機銃×2、30mm機関砲×1 総生産機数：37機 設計者：― 製造者：ドルニエ社

第4章　ドイツの戦闘機

空気抵抗も少なく"速度"を出すのには理想的な設計だった。

1943年10月26日にようやく初飛行した試作1号機は、速度600km/h程度でドイツ航空省の要求は満たせなかった。しかし、運動性、安定性に優れた機体であることを証明し開発は続行。試作機を作り続けるも、1944年には連合国による大規模爆撃により生産工場が壊滅状態に。苦難を乗り越えた改良型では、最高時速760km/hも記録している。また、後部エンジンを停止しても前エンジンだけでも560km/h程度の飛行の速度を出せたというから驚きだ。結果的に最重要量産機指定を受け、空軍から戦闘機型、複座型などの発注を受けるが、終戦までに37機が完成したのみ。実戦参加記録はないが、終戦間際の1945年4月にイギリス空軍の第122飛行団第3飛行隊が、飛行している当機を目撃したという報告もある。一部では、「アマイゼンベア」(オオアリクイ)とも呼ばれた。

ハインケル He162 ザラマンダー

ドイツ帝国最後の希望といわれた国民戦闘機

第二次大戦末期、アメリカ第8航空軍が6日間でB-17とB-24合わせて延べ約3300機出撃させ、ドイツ本土を大規模爆撃した「ビッグウィーク」により、都市の破壊に加え、ドイツ空軍は多くの熟練パイロットを失うことになった。窮地に追い込まれたドイツ空軍が、1944年9月に発行したのが緊急軽量戦闘機計画だ。「簡易で生産性に優れ、未熟な操縦士にも簡単に扱え、しかも連合国戦闘機よりも優速・強力であること」という無理難題に多数の航空機メーカーが難色を示した。しかし、ハインケル社が提出した計画は要求をほぼ満たし、設計開始から原型機の初飛行まで

DATA
★★★★★★★★★

採用：1945年 乗員：1名 全長：9.05m 全幅：7.20m 全高：2.60m 重量：2700kg 速力：840km/h 動力：BMW 003E-1ターボジェット（静止推力800kg）×1基 武装：20mm機関砲×2 総生産機数：約270機 設計者：― 製造者：ハインケル社

第4章　ドイツの戦闘機

ロンドンの大英帝国戦争博物館に保存されている機首部と、イギリス空軍博物館に保存されているHe162A-2。

わずか3カ月という驚くべきスピードで実用化されたのがハインケル「He162」だ。小型軽量の単発ジェット戦闘機であり、推力800kgのBMW003ターボジェットエンジンを搭載し、最高速度は838km／hを記録。ただナチス幹部が見守る中での飛行テストでは、急ぎすぎた調整不足が原因で回復不能な下降機動と横転を招いたために、パイロットが脱出できぬまま墜落する事故を招いている。短い期間で小改修を繰り返した結果、当初の予定重量を800kgを上回る総重量2800kgになったが、それでも最終試作機は海面高度で890km／h、上空6000mでは905km／hもの速度を記録した。

大戦終結間際の1945年3月末から第1飛行隊所属の第1戦闘機隊に配備されるが、連合軍の爆撃により機体量産は進まず、わずかな撃墜記録しか残していない。無条件降伏までに配備されたのは120機程度だったが、200機以上は完成状態にあったという。

フォッケ・ウルフ Ta152

性能を活かさず消えた究極のレシプロ戦闘機

第二次大戦時、最強戦闘機といわれたドイツ空軍の名機フォッケ・ウルフ「Fw190」。この功績を認められた設計者クルト・タンク技師は以降開発する機体に名前の一部〝Ta〟をつけることを許された。そして「Fw190D」をさらに発展させ、より本格的で高度なレシプロ戦闘機として作り上げたのがフォッケ・ウルフ社「Ta152」である。

エンジンは強力なダイムラー・ベンツDB603LAエンジンを搭載し、主翼は新規設計であり全幅14.44m、アスペクト比8・87というものを採用。エンジン内に装備した30mmのMK108機関砲

★★★★★★★★☆
DATA
採用：1945年 乗員：1名 全長：10.71m 全幅：14.44m 全高：3.36m 重量：4800kg 速力：708km/h 動力：ユンカース「ユモ」213E 液冷倒立V型12気筒（1770馬力）×1基 武装：20mm機関砲×2、30mm機関砲×1 総生産機数：約150機 設計者：クルト・タンク博士 製造者：フォッケ・ウルフ社

第4章 ドイツの戦闘機

レシプロ戦闘機としては申し分ない優秀機だったが、すでにジェット戦闘機が主流になりつつあった状況ではあまり活躍できなかった。

と、主翼付け根に装備した20mmのMG-151/20機関砲が基本兵装。そしてフラップと脚と油圧作動・機内システムにも見直しが加えられていた。テスト飛行では高度1万m以上で750km/hを超える速度を出し採用が決まり、エンジンがユンカース「ユモ213EB」搭載の偵察機など派生型も多数作られている。テスト飛行では設計者のクルト・タンク技師が操縦桿を握ることがあり、一度アメリカ軍の「P-51ムスタング」4機に遭遇したが、水メタノール噴射装置を作動させると急激にスピードが上がり悠々と振り切り無事帰投したという話は有名である。

1945年1月に実戦部隊に配備され終戦までにわずかながら戦果を残してはいるが、主な役割はジェット戦闘機「Me-262」の離着陸時の護衛だったという説が一般的である。そのため終戦までに製造された機数は多くはなく、性能は活かされず戦局に大きく寄与することもなかった。

フォッケ・ウルフ　Fw 187　ファルケ

ハインケル　He100

採用を見送られたドイツの戦闘機

第4章 ドイツの戦闘機

メッサーシュミット　Me209

ハインケル　He280

第4章　ドイツの戦闘機

メッサーシュミット　Me309

メッサーシュミット　Me263

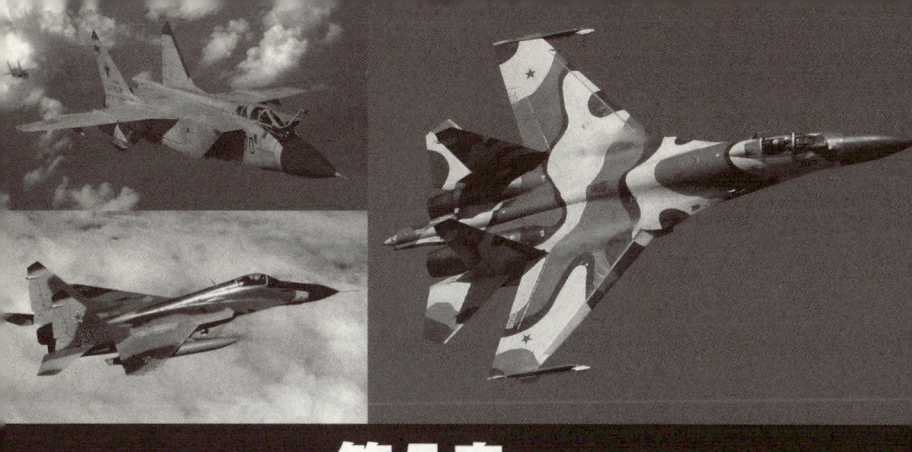

第5章
ソ連・ロシアの戦闘機

第二次大戦から、米ソ冷戦時代、そして現代まで莫大な開発費をかけて名機を製作し続ける軍事大国ロシア。ソ連時代からの個性派も含めご紹介。

スペイン内乱を戦った"カモメ"
ポリカルポフI-15チャイカ

★★★★★★

DATA
採用：1934年 乗員：1名 全長：6.10m 全幅：9.75m 全高：2.20m 重量：1489kg 速力：367km/h 動力：M-25（700馬力）×1基 武装：7.62mm機銃×2～4、50kg爆弾×2もしくはロケット弾×6 総生産機数：480機 設計者：ニコライ・ニコラエヴィチ・ポリカルポフ 製造者：ポリカルポフ設計局

改良型のI-15bis。
©Kogo

1933年に初飛行を行った単座の複葉戦闘機。折れ曲がったガル型上翼が、カモメの羽に似ているという理由から、チャイカ（ロシア語でカモメの意）というニックネームで呼ばれていた。胴体は鋼管羽布張り、翼は木製羽布張りで、機体は木金混合で作られた。

アメリカのライト社製エンジンを改装したM-25エンジンを搭載した本機は、スペイン内乱では、共和派の主力戦闘機として活躍。日本の九七式戦闘機とも、ノモンハン事件の際に戦火を交えている。

1937年に生産が終了した後も、改良型の「I-15bis」が開発されたが、第二次世界大戦が開戦した時点では、すでに旧式となっており、一線を退いている。

第5章 ソ連・ロシアの戦闘機

小ロバと呼ばれ愛された名"やられ役"
ポリカルポフI-16

★★★★★★

DATA
採用:1933年 乗員:1名 全長:7.37m 全幅:10.00m 全高:2.25m 重量:1941kg 速力:306km/h 動力:M-63(1100馬力)×1基 武装:7.62mm機銃×4、200kg爆弾 総生産機数:8644機(9450機説も) 設計者:ニコライ・ニコラエヴィチ・ポリカルポフ 製造者:ポリカルポフ設計局

2003年の航空ショーに展示されたI-16。
©D. Miller

ポリカルポフ設計局で開発された世界初の低翼単葉戦闘機で、第二次世界大戦の初期まで、主力戦闘機として活躍した。世界に先駆けて、パイロットの人力によってワイヤー駆動で作動する、実用的な引き込み脚を採用。配備当時は世界最速を誇り、他の複葉戦闘機を性能的に圧倒した。スペイン内乱、ソ連=フィンランド戦争や日中戦争で使用されたが、次々に開発される他国の高性能戦闘機の登場により、"やられ役"を演じることとなった。大戦時にはロケット弾を装備し、戦闘爆撃機として使用された。

ニックネームはヤストレボク(ロシア語で鷹の意)。

支柱を外し、空気抵抗を極限まで削減
ボロフコフ・フロロフ I-207

★★★★★★

DATA
完成：1937年　乗員：1名　全長：6.70m　全幅：7.00m　全高：2.85m　重量：1850kg　速力：486km/h　動力：M-63 (945馬力)×1基　武装：7.62mm機銃×4　総生産機数：3機　設計者：アレクセイ・A・ボロフコフ、イリヤ・F・フロロフ　製造者：―

防寒シャッター付きのカウリングを装備したI-207の原型2号機。

航空機技師であるアレクセイ・A・ボロフコフと、イリヤ・F・フロロフの2人がI-15の機動性とI-16の高速性を目指して設計した複葉戦闘機。複葉機で単葉機並みの高速性能を発揮するため、翼間支柱や張り線を削り空気抵抗を減らし、なおかつI-16と同等の出力を持つ空冷星形14気筒エンジンを搭載。主脚も後期には引込式が採用され、速度でI-16に迫るまでに至った。主翼と胴体の前部は金属製、胴体の後部は木製となっている。7.62mm機銃を4挺装備。しかし、さらに高性能な単葉戦闘機の開発が進められており、採用されることはなく、原型3機が製造されただけで開発は終了した。

第5章 ソ連・ロシアの戦闘機

長期間主力戦闘機を務めた功労機

ポリカルポフI-153 チャイカ

★★★★★★

DATA

採用:1939年 乗員:1名 全長:6.18m 全幅:10.00m 全高:2.80m 重量:1765kg 速力:426km/h 動力:M-62(800馬力)×1基 武装:7.62mm機銃(一部は12.7mmUB機銃)×4、82mmロケット弾×6または100kg爆弾 総生産機数:3437機 設計者:ニコライ・ニコラエヴィチ・ポリカルポフ 製造者:ポリカルポフ設計局

モスクワ航空博物館に展示されているI-153。
©Pline

"究極の複葉機"と呼ばれた、ポリカルポフ設計局設計の戦闘機。生産が開始された1939年から第二次大戦初期までの間、ソ連労農赤軍航空隊の主力戦闘機を務めた。I-15の改良型として開発され、機体の強度を高め、当時の新技術であった手動引込脚と、1000馬力の強力なエンジンを搭載。一部の機体には12.7mm機銃4挺が装備された。I-15同様、ガル型上翼が採用されたため、I-153も、チャイカ(ロシア語でカモメの意)と呼ばれた。I-153は最終的に3437機生産された。しかし、大戦開始時には、複葉戦闘機の時代は終わっており、高性能な単葉戦闘機に主役の座を受け渡すこととなる。

空中分解必至の"空飛ぶ棺桶"
ラボーチキンLaGG-1/3
★★★★★★

DATA

採用：1941年　乗員：1名　全長：8.90m　全幅：9.80m　全高：2.57m　重量：2620kg　速力：560km/h　動力：M-105（1210馬力）×1基　武装：20mm機関砲×1、12.7mm機銃×2、小型爆弾またはRS-82ロケット弾×6　総生産機数：6528機　設計者：セミョーン・ラボーチキン　製造者：ラボーチキン設計局　※データはLaGG-3

大祖国戦争博物館（モスクワ）で展示されているLaGG-3。
©Mike1979 Russia

LaGG-1は、セミョーン・ラボーチキン率いるラボーチキン設計局が開発した、初の単座戦闘機。初飛行は1939年3月30日。戦略物資節減のため、全木製構造で、大変重かったのに加え、性能全般も悪く、さらに航続距離の要求が800kmから1000kmに変更されたため、改良機としてLaGG-3が開発されることとなる。1941年には生産が始まるが、相変わらず重量過多で、エンジンの出力も満足いくものではなかったという。また、木製のため被弾すると空中分解するなどの問題も多く、パイロットたちからは、皮肉を込めて「保証付きのニス塗り棺桶」と呼ばれることもあった。

スホーイ Su-1/3

ロシア最大の戦闘機メーカーの処女作

★★★★★★

DATA
完成：1940年5月　乗員：1名　全長：8.42m　全幅：11.50m　全高：2.71m
重量：2875kg　速力：641km/h　動力：M-105（1100馬力）×1基　武装：
20mm機砲×1、7.62mm機銃×2　総生産機数：1機　設計者：パーヴェル・スホーイ　製造者：スホーイ設計局　※データはSu-1

改良されたSu-3はエンジンに不具合が生じ飛行することはなかった。

1940年に完成した、スホーイ設計局初の高高度戦闘機。主翼はジュラルミン製、胴体はベークライト合板を張った木製半モノコック構造で、当時としては標準的な形状の単葉機であった。排気タービン2個を搭載した液冷V型12気筒エンジン1基、20mm機関砲1門、そして7・62mm機銃2挺を固定装備するSu-1は、モスクワ郊外からの疎開中に機体を破損。そのまま放棄されることとなるが、すぐに後継機であるSu-3が開発された。Su-3は、胴体がSu-1と同じもので、主翼を翼面積の小さいものに換えただけ。結局、排気タービンの不調という問題を解決できず、1942年には開発が中止された。

数多くの英雄を生み出した伝説の機体
ヤコブレフ Yak-1/I-26

★★★★★★

DATA
完成:1940年 乗員:1名 全長:8.48m 全幅:10.00m 全高:2.64m 重量:2950kg 速力:569km/h 動力:M-105PA(1050馬力)×1基 武装:20mm機関砲×1、7.62mm機銃×4 総生産機数:8721機 設計者:アレクサンドル・S・ヤコブレフ 製造者:ヤコブレフ設計局

旧ソ連ではもっとも偉大な戦闘機のひとつといわれた。

1940年1月に初飛行に成功した、独ソ戦初期の単葉戦闘機。胴体は鋼管・アルミ合金フレーム羽布張りで、主翼は木製合板張りとなっている。20mm機砲1門と7.62mm機銃2挺の武器、液冷V型12気筒エンジン1基を装備。

ドイツ軍の侵攻が激化するに従い、ソ連軍の生産力も低下。「同じ工場で作られた機体なのに、全く同じ物はない」という状況であったという。しかし、エンジンの強化と軽量化を進めた結果、ドイツ機に対応することができるYak-1M、Yak-7Bへとつながることとなる。ラボーチキンLa-5などの登場により、徐々にその姿を消していったが、多くの英雄を生み出した。

第5章 ソ連・ロシアの戦闘機

ソ連戦闘機の代名詞"ミグ"の処女作
ミコヤン・グレビッチ MiG-1/I-220

★★★★★★

DATA
採用：1940年 乗員：1名 全長：8.16m 全幅：10.20m 全高：3.30m 重量：3099kg 速力：657km/h 動力：AM-35A(1350馬力)×1基 武装：7.62mm機銃×2、12.7mm機銃×1 総生産機数：約100機 設計者：アルチョム・ミコヤン、ミハイル・グレビッチ 製造者：ミコヤン・グレビッチ設計局

制式化され100機ほど生産された後、多数の欠点発覚により生産打ち切りに。

現在ではソ連戦闘機の代名詞となったミグ戦闘機だが、初めてのミグとなるMiG-1は、ポリカルポフ設計局で計画されていたI-200がベースとなっている。原型は1940年4月5日に初飛行。試作の段階で648km/hと、当時としては高速であったため、航続距離が短い、安定性が悪い、失速しやすいなど、多くの問題を抱えながらも、約100機が生産された。しかし1940年12月には生産が打ち切られ、後継のMiG-3に転換された。武装は12.7mm機銃1挺と7.62mm機銃2挺、エンジンには液冷V型12気筒エンジン1基を装備。アルチョム・ミコヤンとミハイル・グレビッチによる共同設計。

YaK-1の練習機が戦闘機として大活躍
ヤコブレフ Yak-7

★★★★★★

DATA
採用：1941年 乗員：1名 全長：8.50m 全幅：10.00m 全高：2.75m 重量：2935kg 速力：570km/h 動力：M-105PF（1210馬力）×1基 武装：12.7mm機銃×2、20mm機関砲×1 総生産機数：6399機 設計者：A・S・ヤコブレフ 製造者：ヤコブレフ設計局

直系の後継機 Yak-9 は空軍の主力戦闘機となる。

Yak-1を原型とする単座戦闘機。Yak-1の練習機として開発されたが、複座型へ改修する際に、機体重心を後方に移動。扱いにくいとされたYak-1に比べ、扱いやすい機体となったため、戦闘機に転用された。Yak-1から受け継いだ木金混合の主翼構造を、鋼製に変更したB型や、教官席である操縦席後方を、燃料タンク及び緊急用補助席に改修した機体なども生産されている。

生産期間は1941年から1942年と短いが、Yak-9が主力となるまでに、6399機が生産された。武装は20mm機砲1門と12.7mm機銃2挺を固定装備、動力は、液冷V型12気筒エンジン1基が採用されている。

246

第5章 ソ連・ロシアの戦闘機

5000mの高高度では敵知らず
ミコヤン・グレビッチ MiG-3

★★★★★★

DATA
採用：1940年 乗員：1名 全長：8.25m 全幅：10.20m 全高：3.30m 重量：3350kg 速力：640km/h 動力：AM-35A（1350馬力）×1基 武装：12.7mm機銃×1、7.62mm機銃×2 総生産機数：3120機 設計者：アルチョム・ミコヤン、ミハイル・グレビッチ 製造者：ミコヤン・グレビッチ設計局

高高度戦闘用の高速戦闘機だった MiG-3。

エンジンの位置を10㎝前に移し、外翼の上反角を1度増すなどの改良により、操縦性を大幅に向上させ、燃料の容量も増加させたMiG-1の後継機。操縦席下面のタンクに250ℓの燃料を搭載可能で、航続距離は820kmを誇った。原型の初飛行は1940年10月。高度5000m以上の高空域では、最高速度640km/hを記録。Yak-1やLaGG-3などの同時期に開発された戦闘機と比較しても、運動性能、高速性能で圧倒していたが、低空での空戦性能は満足いくものではなかった。

搭載していたミクーリンエンジンの生産終了とともに、1942年に生産終了となっている。

幅広い任務をこなした小型機

ヤコブレフ Yak-9

★★★★★★

DATA
採用：1943年　乗員：1名　全長：8.55m　全幅：9.74m　全高：3.00m　重量：3117kg　速力：591km/h　動力：M-105PF(1180馬力)×2基　武装：20mm機関砲×1、12.7mm機銃×1　総生産機数：2機　設計者：―　製造者：ヤコブレフ設計局　※データはYak-9D

前期型の改良型のYak-9D。アンテナ柱が立っているのが相違点だ。

練習戦闘機から開発されたYak-7DIを改良し、中・高高度用として開発された戦闘機。低高度に強いYak-3に対し、高高度用として開発されたが、対地攻撃能力も高く、重宝された。P-51やスピットファイアなどの、他国の主力戦闘機に比べてもはるかに小さいYak-9だったが、エンジンに強力な液冷V型12気筒エンジン1基、武装に20mm機関砲1門と12.7mm機銃1挺を装備し、ひと回り大きな戦闘機たちにも引けをとらない活躍を見せた。しかし、大戦中の機体は木金混合構造で非常に重く、速度能力はそれほど高くない。戦後も東欧諸国で「フランク」(Frank)というNATOコードで運用された。

ラボーチキン La-5

空冷エンジン換装によりトップファイターに変身

★★★★★★

DATA
採用：1942年　乗員：1名　全長：8.67m　全幅：9.80m　全高：2.54m　重量：3265kg　速力：647km/h　動力：M-82FN（1650馬力）×1基　武装：20mm機関砲×2、小型爆弾またはロケット弾×6　総生産機数：9920機　設計者：S・A・ラボーチキン　製造者：ラボーチキン設計局　※データはLa-5FN

1942年のスターリングラード防衛戦で活躍したLa-5。

　LaGG-3の液冷エンジンを、より優秀な空冷星形のシュベツォフM-82空冷エンジンに換装した、ソ連赤軍の主力戦闘機。1号機は1942年3月に初飛行。空気抵抗の増大などの、多少のデメリットはあったものの、速度、上昇力などが大幅に改善されたことで採用に至り、量産が決定した。また、胴体上部を削り、キャノピーも変更することで、全方向の視野を確保。その後、軽量化を図ったLa-5FNが登場。1942年のスターリングラードでデビューし、ドイツ機相手にその性能を発揮した。武装は、主翼下に100kg爆弾2発もしくはロケット弾6発を懸架可能で、機首にも20mm機砲を2挺装備した。

第二次大戦における最強格闘戦闘機候補
ヤコブレフ Yak-3

★★★★★★★

DATA

完成：1944年　乗員：1名　全長：8.50m　全幅：9.20m　全高：2.42m　重量：2692kg　速力：646km/h　動力：VK-105PF-2（1250馬力）×1基　武装：20mm機関砲×1、12.7mm機銃×2　総生産機数：4848機　設計者：オレーク・コンスターンチノヴィチ・アントーノフ　製造者：ヤコブレフ設計局

原型機とはエンジン周りや、風防、降着装置が異なるYak-3M。

低空での格闘戦に強い機体を目指して開発された、世界最小の格闘戦闘機。原型の初飛行は1941年4月だが、その後開発が放棄され、1943年に再開された。高度2500〜3000mの低高度域では、Bf109、Fw190、スピットファイアといったライバル機よりも高速で、機動性や上昇力でも優っており、第二次大戦時の最強格闘戦闘機として、本機を推す声も少なくない。武装は20mm機関砲1門と12・7mm機銃2挺。実戦配備されたのは1944年夏以降で、戦後の46年まで製造は続いた。

また、亡命フランス人部隊、亡命ポーランド人部隊などの使用機としても供与された。

250

第5章 ソ連・ロシアの戦闘機

実戦に参加した最後のラボーチキン戦闘機

ラボーチキン La-7

★★★★★★

DATA
完成：1944年 乗員：1名 全長：8.60m 全幅：9.80m 全高：2.54m 重量：3265kg 速力：680km/h 動力：M-82FN（1850馬力）×1基 武装：20mm機関砲×3、または20mm機関砲×2、200kgまでの爆弾 総生産機数：5753機 製造者：ラボーチキン設計局

ソ連最高のエースといわれたイヴァン・コジェドゥーブも同機で飛行した。
©Mike 1979 Russia

La-5を高高度迎撃機に修正したLa-5FNのオイルラジエーターを胴体下面中央に移設し、カウリングの形状も一新するなど、重量の軽減や空力的洗練の改良を進めたのがLa-7。エンジンもパワーのあるシュベツォフ星形エンジンを採用。これにより、最高速度でLa-5FNを30km/h以上も上回ることに成功。武装は20mm機関砲3門に強化されたが、軽量化のために2門に抑えた機体もあった。さらに200kgまで爆弾を搭載することも可能だ。

ラボーチキンの機体は、パイロットから特に好まれ、この機体に乗った英雄が何人も登場した。La-7は、実戦に参加したラボーチキン最後の戦闘機となった。

ジェット機時代直前に登場したLaGG機の完成形
ラボーチキン La-9/11

★★★★★★★

DATA
採用：1946年　乗員：1名　全長：8.63m　全幅：9.80m　全高：3.56m　重量：3425kg　速力：690km/h　動力：ASh-82FN（1850馬力）×1基　武装：23mm機関砲×4、総生産機数：1559機　製造者：ラボーチキン設計局

ニージュニイ・ノーヴゴロトに展示されているLa-9。
©Vladimir Menkov

ラボーチキン設計局が開発を手がけてきた、LaGG-1から続く一連の戦闘機の完成形。La-7をベースに、機体構造も全金属製に改良し、強力な武装とエンジンが装備されたのがLa-9。武装は23mm機関砲4門が、エンジンカウル内にすべて収められた。1559機製造されたが、実戦に参加することはなかった。

そしてLa-9を、さらに発展改良したのがLa-11で、掩護戦闘機に使用するため、燃料搭載量を増やして航続距離を延ばし、機動性向上のために、シルエットも改良された。1953年には日本領空に日の丸を付けたLa-11が侵入。米軍の戦闘機F-84に撃墜されるという事件も起こっている。

コチェリギン DI-6

時代に乗り遅れた複葉戦闘機

★★★★★★

DATA
採用：1937年　乗員：2名　全長：6.87m　全幅：9.94m　全高：3.20m　重量：1360kg　速力：372km/h　動力：シュベツォフM-25空冷星型9気筒（700馬力）×1基　武装：7.62mm機銃×3（前方2、後方1）、40kg軽爆弾の搭載可　総生産機数：約200機　設計者：セルゲイ・A・コチェリギン　製造者：第39工場

引き込み脚を採用した最初の複葉戦闘機。

セルゲイ・A・コチェリギンが開発した複座戦闘機。原型機はTsKB-11と名付けられ、1935年前半に完成した。引き込み脚を採用し、主翼の幅は上翼の方が広く、下翼は付け根部分が折れ曲がる、ガル型となっている。運転席の後方には、背中合わせに風防に覆われた銃手席があり、下方視界向上のために、水平尾翼の位置が、やや高めに設計されている。量産が開始されたものの、M-25エンジンの製造供給が遅れ、部隊に配備されたのは、1937年の半ばとなった。1938年に満州国境で日本軍戦闘機と対峙。フィンランドとの冬戦争や第二次大戦初期に、少数が投入されたが、すぐに一線を退くこととなる。

大戦の勝利で獲得したドイツの技術を国産化
ミコヤン MiG-9 ファーゴ

★★★★★★

DATA
配属：1955年　乗員：1名　全長：9.75m　全幅：10.00m　全高：3.225m　重量：3350kg　速力：915km/h　動力：クリモフRD-20ターボジェット（推力800kg）×2基　武装：37mm機関砲×1、23mm機関砲×2　総生産機数：約1000機（詳細は不明）　製造者：グレビッチ設計局

モニノ博物館に展示されているMiG-9。

第二次世界大戦の勝利によって、ソ連は最先端のジェットエンジンや、有能な技術者を獲得。ドイツ製のBMW003軸流式ジェットエンジンを国産化したRD-20エンジンを搭載した、初のジェット戦闘機としてI-300が開発され、実戦配備されたのがMiG-9である。胴体後部にはRD-20エンジンを2基搭載、機首部に37mm機砲と23mm機砲を装備。翼端には増加燃料タンクも装備された。派生型には、武装配置を改善したMiG-9Mや複座練習機型のMiG-9UTIなども開発されたが、MiG-15が空軍の主力として台頭したため、大量生産には至っていない。

第5章 ソ連・ロシアの戦闘機

三角翼を採用した全天候型単座迎撃戦闘機
スホーイ Su-9／11

★★★★★★

DATA
採用:1957年　乗員:1名　全長:18.06m(プローブを含む)　全幅:8.54m　全高:4.82m　重量:9100kg　速力:3334km/h　動力:AL-7F-1-100Uターボジェット×1基　武装:ハードポイント×6、RS-2US空対空コマンド誘導ミサイル×4、またはRS-2US×2およびR-55空対空赤外線誘導ミサイル×2　総生産機数:約1150機　設計者:スホーイ設計局　製造者:第153工場、第30工場「ズナーミャ・トルダー」　※データはSu-9

領空に侵入してくる偵察機や、情報収集機の迎撃を主要任務にした。

1960年代に活躍したソ連防空軍の主力戦闘機。当時のソ連における、最も高高度を飛行できる、最速の戦闘機である。主翼形状に三角翼を採用し、その形状から「三角帽」「バライカ」とも呼ばれていた。NATOコードは「フィッシュポットB」。推力9000kgのAL-7Fエンジンを搭載。武装はAA-1半能動誘導ミサイル4基を装備。1959年から部隊配備が始まっている。1961年に開催されたツシノ航空ショーでは、胴体前部を延長し、高性能なレーダーを装備した改良型Su-11を公開。1960年代に入ると、Su-9に代わって配備された。合わせて2000機ほど生産されたといわれている。

ライバルMiG-15の支援ジェット機
ヤコブレフ Yak-23

★★★★★★

DATA
初飛行：1947年　乗員：1名　全長：8.12m　全幅：8.73m　全高：3.31m　重量：2000kg　速力：868km/h　動力：RD-500ターボジェット（出力1590kg/s）×1基　武装：23mm機関砲×2（弾数150発）、翼下に60kg爆弾×2または増加燃料タンク搭載可能　総生産機数：約700機　製造者：ヤコブレフ設計局

チェコスロバキアや、ポーランドなどに輸出されたYak-23。
©Russian AviaPhoto Team

　ヤコブレフ設計局が研究したジェット戦闘機の中で、最も実用化に近づいたYak-15から発展したジェット戦闘機のひとつ。胴体は試作機であったYak-15やYak-17をベースにした応力外皮構造を採用。エンジンはイギリスから供与された、ロールス・ロイス"ダーウェント"遠心式ターボジェットエンジンを国産化したRD-500を搭載、上昇性能にも優れていたことにより採用が決定した。約700機が生産されたといわれており、その多くは同盟国であった東欧諸国に配備された。1960年代初期まで現役で活躍したが、あらゆる性能で上回るMiG-15の陰に隠れ、主力になることはなかった。

256

第5章 ソ連・ロシアの戦闘機

国家プロジェクトによる会心の高性能ジェット機
ミコヤン MiG-15 ファゴット

★★★★★★

DATA
初飛行：1947年 乗員：1名 全長：11.36m 全幅：10.08m 全高：3.70m
重量：5030kg(全備) 速力：1059km/h 動力：VK-1遠心式ターボジェット(推力2700kg)×2基 武装：37mm機関砲×1、23mm機関砲×2 総生産機数：約15000機(ソ連国内) 製造者：グレビッチ設計局 ※データはMiG-15bis

東欧諸国を中心に世界中で広く利用されたジェット戦闘機。

ジェット機開発で西側諸国に大きく遅れをとっていたソ連が、その遅れを解消したことを象徴する高性能ジェット戦闘機。ドイツが研究していた後退翼のデータを入手し、さらに機体を徹底的に軽量化。エンジンには、イギリスから入手したロールス・ロイス"ニーン"ターボジェットエンジンを独自改良したRD-45Fを採用した(改良されて量産されたMiG-15bisは、VK-1エンジンを搭載)。

朝鮮戦争では、完全に国連軍のものとなっていた制空権がMiG-15の登場で揺らぎ始め、アメリカ軍は、急遽最新鋭のF-86Aセイバーを投入して対抗した。1万5000機以上が生産され、友好国に供与した。

ミコヤン MiG-17 フレスコ

欠陥を解消したMiG-15の完成形

西側諸国に大きなインパクトを与えたMiG-15であったが、高速飛行時の不安定さという大きな欠陥を持っていた。

それを解消すべく、主翼を再設計し、胴体の形状を改良して空力的洗練を施したがMiG-17である。武装は37mm機関砲1門と23mm機関砲2門のみで、中にはロケット弾が搭載可能な機体も存在。原型は1951年に初飛行。53年から部隊配備が開始された。

朝鮮戦争には間に合わなかったものの、ベトナム戦争では大きな活躍を見せ、何体かのアメリカ軍航空機を追撃。ポーランドや中国でもライセン

★★★★★★★
DATA

初飛行：1951年 乗員：1名 全長：11.6m 全幅：10.9m 全高：3.35m 重量：6050kg 速力：1144km/h 動力：クリモフVK-1Aターボジェット（推力2695kg）×1基 武装：37mm機関砲×1、23mm機関砲×2 総生産機数：10000機以上 製造者：グレビッチ設計局

第5章 ソ連・ロシアの戦闘機

ベトナム戦争ではたびたび
アメリカ軍の航空機を撃墜した。
©Stuart Seeger

旧共産圏諸国やアフリカ諸国に輸出された。

ス生産が行われ、北朝鮮では、現在も現役機が存在する。NATOによるコードネームはフレスコ(Fresco)。

ミコヤン MiG-19 ファーマー

ソビエトの初の実用的超音速ジェット戦闘機

アメリカ空軍F-100スーパーセイバーのライバルといわれる。

ソビエト空軍初の実用超音速戦闘機。MiG-15、MiG-17に続いて大量生産が決定し、同盟国や友好国に数多く供与された。後退角の強い主翼と、極薄の翼厚が超音速化を実現。さらに小型軽量化により、低高度での機動性と上昇能力を得ることに成功した。

初飛行はF-100にわずかに遅れた1953年9月18日。空中格闘戦力で優れたMiG-19だったが、兵装搭載力が少なく、航続距離が短いなど、F-100に劣る点も少なからずあった。197

DATA

★★★★★★★★

初飛行：1953年 乗員：1名 全長：12.6m 全幅：9.3m 全高：4.1m 重量：9500kg（全備）速力：1330km/h 動力：RD-9Bターボジェット（出力3250kg）×2基 武装：30mm機関砲×3、500kg爆弾 総生産機数：約9500機 製造者：グレビッチ設計局 ※データはMiG-19S

第5章　ソ連・ロシアの戦闘機

ハンガリー空軍のMiG-19PM。
©Varga Attila

7年7月7日、中国空軍のMiG-19〝ファーマーC〟が台湾に亡命する事件が話題となった。

中国でライセンス生産された機体は今なお現役で活躍している。

ミコヤン MiG-21 フィッシュベッド

ソ連史上空前のベストセラー戦闘機

ソ連でもっとも多く生産された戦闘機である。

★★★★★★★★
DATA

就役：1958年　乗員：1名　全長：15.65m　全幅：7.16m　全高：4.75m・重量：10000kg　速力：2231km/h　動力：ツマンスキーR-25-300ターボジェット（推力7100kg）×1基　武装：23mm機関砲×1、4.57ロケット弾ポッド×2誘導ミサイル×4　総生産機数：10000機以上　設計者：ミコヤン・グレビッチ設計局　製造者：MMZ「ズナーミャ・トルダー」工場ほか　※データはMiG-21N

第5章　ソ連・ロシアの戦闘機

世界各国に配備された MiG-21。
©Dejan Milinkovic

　1950年代前半に開発が進められていた、水平尾翼付き三角翼を持つ試作機Ye-4の発展型。デルタ翼と機首の空気取り入れ口に、ダクト内の空気流を安定させる衝撃波発生器〝ショック・コーン〟を採用したことが大きな特徴。原型は1956年に初飛行し、1958年に運用が開始された。MiG-21PF以降はレーダー搭載型が主流となった。

　MiG21はソ連で生産された機体だけでも、各型合計1万機以上と、ジェット機としては異例の多さ。共産圏諸国をはじめとする40カ国近くに供与されるなど、これまでに開発されたソ連戦闘機の中でも、もっとも売れた戦闘機としてその名を歴史に残している。

ミコヤン MiG-23 フロッガー

F-111の登場に対抗した初の可変後退翼戦闘機

アメリカ軍が開発したF-111やF-14などの可変翼を持つ戦闘機に対抗して開発された、ソ連空軍初の可変後退翼戦闘機。重量はF-111の3分の2、重量は約半分と小型で軽量。可変翼は油圧で後退角度（16〜72度）を操作するが、戦闘時には45度の位置に固定する設計となっていた。後期型では改善され、改良型のMiG-23MLDは、戦闘時の後退角度が3度に変更され、前縁フラップは手動から自動制御となっている。1973年の運用開始から2000機以上が生産され、中東やアフリカなど18の友好国で使用された。北朝鮮には約46機が配備。2009年4月5日

DATA
★★★★★★★★

就役：1973年　乗員：1名　全長：16.71m　全幅：13.95m　全高：4.82m　重量：18900kg（全備）　速力：2500km/h　動力：ツマンスキーR-29Bターボジェット×1基　武装：23mm機関砲×1、誘導ミサイル×6、2000kg爆弾　総生産機数：2000機以上　製造者：グレビッチ設計局　※データはMiG-23ML

第5章　ソ連・ロシアの戦闘機

東欧のみならずアルジェリアやインド、キューバなどにも輸出された。

本機はミグ設計局の設立者の1人、アルチョム・ミコヤンが死亡するまで手がけた戦闘機である。

に行われた北朝鮮のミサイル発射実験の際には出動して周囲を警戒した。

ミコヤン MiG-25 フォックスバット

日本のレーダー網を振り切り函館に強行着陸

アメリカ軍のB-58、XB-70、SR-71などの超音速機に対抗して開発が進められた純迎撃戦闘機。速力、上昇力を上げるため、経済的とはいえないターボジェット双発エンジンが採用された。その後、XB-70の開発が中止されると、MiG-25への期待は一気に収束し、生産数は少なく終わっている。

1976年9月6日、ソ連軍現役将校ヴィクトル・ベレンコが、MiG-25で函館空港に強行着陸。機体はソ連に返還されたが、ベレンコは、希望通りアメリカへの亡命を果たした。このとき空自のF-4EJがスクランブルを行ったが、低空域で

★★★★★★★★
DATA

採用：1970年頃　乗員：1名　全長：19.75m　全幅：14.01m　全高：6.10m　重量：20000kg　速力：3400km/h　動力：ツマンスキーR-31-300ターボジェット（推力10210kg）×1基　武装：R-40ミサイル×4　総生産機数：1186機　設計者：ミコヤン・グレビッチ設計局　製造者：第21航空機工場
※データはMiG-25P

第5章 ソ連・ロシアの戦闘機

マッハ3を誇る超高速戦闘機。
（写真は国土防空軍のMiG-25PD）

インドや中東諸国へも輸出されたが、現在は第一線を退いている。
©Dmottl

は探知することができず、日本のレーダー網の脆弱性が露呈される結果となった。

スホーイ Su-15 フラゴン

大韓航空機を撃墜した迎撃機

　Su-9やSu-11の後継機として開発された本機。開発時期が重なるMiG-25より優れていて、ソ連の防空で重用されたが、やがて悪名もまた轟かせることになる。

　Su-9及びSu-11はエンジンに難があることに加え、高性能のレーダーを搭載することが困難であった。この改善のためにスホーイ設計局が新たに開発したのがSu-15である。機首に備えたレーダーを特色とするSu-11の改良型として開発された。赤外線誘導ミサイルとレーダー誘導ミサイルをそれぞれ一発ずつ装備した。

　Su-15は1967年のモスクワ航空ショーで

★★★★★★★ DATA

初飛行：1964～1965年頃　乗員：1名　全長：20.50m　全幅：10.53m　重量：12250kg　速力：1652km/h　動力：R-13-300ジェットエンジン（推力6697kg）×2基　武装：23mm機関砲×2、空対空ミサイル×4　総生産機数：1500機以上　製造者：スホーイ設計局

第5章　ソ連・ロシアの戦闘機

ウクライナ空軍のSu-15TM。
©Wojsyl

　初お目見えし、NATOより"フラゴン"の呼称を与えられた。

　1500機以上が生産されたといわれ、1970年代から80年代にかけて、防空軍の主力迎撃機として活躍した。ただし、高性能な防空用機器を搭載していたため、同盟国への供与もなく、西側諸国は詳細な情報を長い期間得ることができなかった。

　1983年9月1日に起きた大韓航空機撃墜事件で、ソ連領空を侵犯した大韓航空のボーイング747をミサイルで撃墜した機体としても知られている。269人の死者を出したこの有名な事件のほか、同じく韓国のボーイング707攻撃による2人の死者、さらにアルゼンチンの輸送機とも衝突、4人の死者を出した。

　冷戦を象徴するSu-15は、東西対立の終焉とともに1993年に引退。欧州通常戦略条約によって、謎の多いソ連の防空戦闘機の任を降りたのだった。

スホーイ Su-17/20 フィッター

可変後退角翼への改良により航続距離がアップ

リビアやペルーに配備されたのは輸出向けSu-17の派生型Su-20やSu-22である。

Su-17は1967年のモスクワのドモジェドヴォ航空ショーで初公開された、Su-7「フィッターB」の後継機。

Su-7の兵装搭載量の少なさと継続距離の貧弱さという欠陥が改良されたSu-17。主翼を62度から28度までの可変後退角翼に変更したことが一番の特徴である。

可動範囲も広がらず、実用機としては力不足と西側諸国は見なした。量産ではなく、Su-7を改良した1機のみの実験機だと西側は判断していた。そのため1970年代にソ連空軍部隊に大量に配備されたときには、大いなるインパクトを受

★★★★★★★★
DATA

初公開：1967年 乗員：1名 全長：9.026m 全幅：13.68m 全高：4.89m 重量：10767kg 速力：1860km/h 動力：サトゥールンAL-21F-3（推力11244kg）×1基 武装：30mm機関砲×2、爆弾、ロケット弾 総生産機数：2867機 設計者：スホーイ設計局 製造者：コムソモリスクナアムーレ航空機生産協会

第5章　ソ連・ロシアの戦闘機

けたという。実際、兵器搭載量はアップし、離陸性能も向上、行動半径も広がったため、ソ連にとって量産のメリットはあった。

重量はSu-7に比べて2トンほど増加し、しかも燃料の容量が少なくなっているのにもかかわらず、航続距離はSu-7よりも延びている。このことからわかる通り、可変後退角翼の改良は一定の成功を収めたといえる。

Su-17は1971年にはエンジンを換装、1973年には機体・兵装など、1976年には燃料搭載量を、1980年には機体形状と、それぞれ改良を重ねてきた。現在のロシアではすでに退役している。

しかし海外では依然として現役で、ソ連時代には海外輸出も行っており、Su-20、22の市場は東欧や中近東、アジア、アフリカに及んでいる。もちろんSu-17はより多くの国に出回っている。

スホーイ Su-24 フェンサー

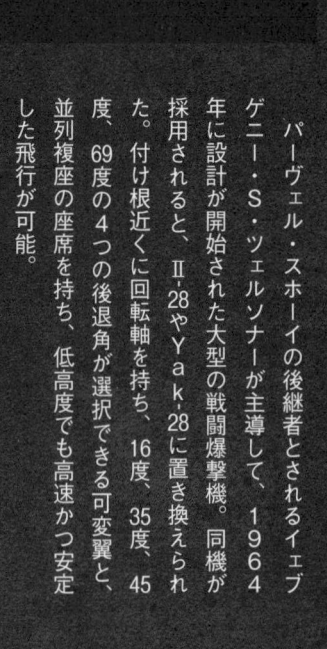

ダブルデルタ翼採用のソ連版F-111

パーヴェル・スホーイの後継者とされるイェブゲニー・S・ツェルソナーが主導して、1964年に設計が開始された大型の戦闘爆撃機。同機が採用されると、Il-28やYak-28に置き換えられた。付け根近くに回転軸を持ち、16度、35度、45度、69度の4つの後退角が選択できる可変翼と、並列複座の座席を持ち、低高度でも高速かつ安定した飛行が可能。

さらに兵装の搭載能力も8000kgと高い。給油ポッドを装備することで、空中給油機としても利用可能。同シリーズは900機以上が生産され、うち約130機がソ連海軍、約570機がソ連空

DATA
★★★★★★★★
採用：― 乗員：2名 全長：24.594m 全幅：17.638m 全高：6.19m 重量：19000kg 速力：2500km/h 動力：サトゥールンAL-21F-3A×2基 武装：23mm機関砲×1、ASMなど 総生産機数：900機以上 設計者：イェブゲニー・S・ツェルソナー 製造者：スホーイ設計局

第5章 ソ連・ロシアの戦闘機

アフガニスタン紛争、第二次チェチェン紛争などに投入された。
©Alexander Mishin

中東にも輸出された優秀な戦闘機。
©Dmotti

軍に配備されている。残りはSu-24MKの名でイラン、イラク、リビア、シリアに輸出された。

ミコヤン MiG-29 ファルクラム

冷戦の裏で行われた西側との新世代戦闘機開発競争

東側諸国の主力戦闘機であったMiG-21やMiG-23の後継機で、1970年代にアメリカが開発したF-14、F-15などに対向するために開発された、ソ連製のいわゆる第四世代戦闘機。設計などはF-14を参考にしたと思われ、サイズ、重量などはF-14よりひとまわり小さい。エンジンの空気取り入れ口に開閉する二次元型空気取り入れ口が付いており、地上ではこの蓋を閉めて異物の侵入を防ぐ。その代わり、機体上部にあるルーバー式補助空気取り入れ口から空気を取り入れることで、不整地や凍土からの離着陸を安全なものとするという。機首に装備されたレーダーは、最

★★★★★★★
DATA

採用：― 乗員：1名 全長：17.32m 全幅：11.36m 全高：4.73m 重量：18000kg（全備）速力：2444km/h 動力：イソトフRD-33×2基 武装：30mm機関砲×1、空対空ミサイル×4、空対地ミサイル×3 総生産機数：1600機以上 製造者：ミコヤン・グレビッチ設計局

第5章 ソ連・ロシアの戦闘機

アラスカ上空を飛行するMiG-29。

東ドイツやポーランド、インドなど世界十数カ国に輸出されている。
©Dmottl

大探知距離100km。中距離空対空ミサイルも使用可能だ。

ミコヤン MiG-31 フォックスハウンド

低空で忍び寄る敵を殲滅する迎撃戦闘機

固定兵装として23mmガトリング砲を右胴体下に装備している。
©Dmitriy Pichugin

MiG-25の改良型であるMiG-31。
©VitalyKuzmin

★★★★★★★
DATA

採用：― 乗員：2名 全長：22.69m 全幅：13.46m 全高：6.15m 重量：21820kg 速力：3000km/h 動力：アビアドビガテルD-30F6ターボファン×2基 武装：23mm機関砲×1、対空ミサイル×6〜8 総生産機数：約314機 製造者：ミコヤン・グレビッチ設計局

第5章 ソ連・ロシアの戦闘機

アメリカのXB-70を迎撃可能な戦闘機として開発されたMiG-25であったが、XB-70の開発中止によりその存在意義は失われた。さらに防空システムや大陸間弾道弾の進歩によって、高高度敵国領空侵犯は時代遅れとなり、超低空侵攻が主流となる。この新戦術に対応するためにMiG-25を大幅に改良して作られたのがMiG-31だ。エンジンを燃費の良いターボファンに改め、低空での高速飛行に耐えうるよう主翼構造を強化、機体もスチールを減らしチタン、アルミニウムなどを増やして軽量化を図った。空中給油装置、5時間を超える滞空能力、最新式レーダーによる高い索敵能力などが評価され、1980年に配備が本格化された。

スホーイ su-27 フランカー

"コブラ"の動作に西側諸国がド肝を抜いた

MiG-29と同時期に開発が進められた戦闘機で、MiG-29と同様にF-15に対抗した機体である。サイズはMiG-29よりもひとまわり大きく、F-15に匹敵する能力を保持する。1989年のパリ航空ショーにも参加し、その驚異的な機動性で、西側関係者の注目を集めた。特に水平飛行から高度をあまり変えず、急激に機首を上げて失速寸前まで速度を落とす「コブラ」という動作は、大きなインパクトを残した。また4000kmという長い航続距離を誇り、機内燃料のみで赤外線誘導の短距離空対空ミサイル4発を含めたミサイルを10トン近く搭載可能。ベラルー

★★★★★★★★ DATA

採用:― 乗員:1名 全長:21.9m 全幅:14.70 m 全高:5.9m 重量:30000kg(全備) 速力:2497km/h 動力:サトゥールンAL-31F アフターバーナー付ターボファン×2基 武装:230mm機関砲×1、空対空ミサイル、空対地ミサイル、対艦ミサイル、対レーダーミサイル 総生産機数:680機 製造者:スホーイ設計局

第5章 ソ連・ロシアの戦闘機

別名の「フランカー」とはラグビーやアメリカンフットボールのポジションのひとつ。
©Dmitriy Pichugin

流線型のフォルムが美しい。©g4sp

シヤウクライナ、インドや中国、ベトナムにも輸出された。

スホーイ PAK-FA / T-50

開発中のステルス機能搭載の第五世代戦闘機

PAK-FA（戦術空軍向け将来戦闘複合体）計画に従って開発が進められている、ロシア空軍の第五世代戦闘機。PAK-FAとは、世界的にも数少ないステルスジェット機開発計画のことで、今では旧式となったMiG-29やSu-27の後継機を作ることがその目的。試作機が初飛行を行ったのは2010年1月29日。2015年～16年頃量産態勢に入り、ロシア空軍の戦闘部隊に配備されるという。ロシア側によると、アメリカのF-22ほどの超低観測性（VLO）ステルス能力はないとされているが、巡航速度はマッハ1.7～1.8程度。これはF-22よりも若干速く、ステルス機

★★★★★★★★
DATA

採用：― 乗員：1名 全長：19.4m 全幅：14m／全高：6.05m 重量：18500kg 速力：2448km/h以上 動力：AL-41F1ターボファン×2基 武装：30mm機関砲（予定）、その他様々な空対空・空対地ミサイルが開発中 総生産機数：未定 開発中機 設計者：スホーイ設計局 製造者：KnAAPO

第5章 ソ連・ロシアの戦闘機

PAK-FA 計画に選定された T-50 戦闘機。
©Dmitry Zherdin

©Rulexip

能よりも、迎撃戦闘機としての高速性能を重要視したと思われる。

まだあるソ連・ロシアの戦闘機

ペトリャコーフ/ミャスィーシチェフ Pe-3

ラボーチキン La-15

第5章 ソ連・ロシアの戦闘機

©Daniel Delimata

ヤコブレフ Yak-17 "フェザー"

ヤコブレフ Yak-28 "ファイアーバー"

ツポレフ Tu-128

ミコヤン・グレビッチ MiG-27 "フロッガー"

ヤコブレフ Yak-141 "フリースタイル"

第5章 ソ連・ロシアの戦闘機

©Dmitriy Pichugin

ミグ MiG-35 "ファルクラム F"（スーパーファルクラム）

スホーイ Su-30 "フランカー F1/F2/G/H"

第5章 ソ連・ロシアの戦闘機

スホーイ Su-33 "フランカー D"（シーフランカー）

スホーイ Su-37 テルミナートル "フランカー E2"（スーパーフランカー、ターミネーター）

第5章　ソ連・ロシアの戦闘機

スホーイ Su-47 ビェールクト "ファーキン"

スホーイ Su-35（Su-35BM）

第6章
フランスの戦闘機

世界各国で採用されるミラージュ・シリーズで知られるフランスの戦闘機。
お国柄の上品さとは程遠い実戦タイプのエグいヤツら。

MS.405の欠点を改修した新単座戦闘機
モラーヌ・ソルニエ MS.406

★★★★★★

DATA
初飛行:1935年 乗員:1名 全長:8.15m 全幅:10.65m 全高:2.82m 重量:2720kg 速力:486km/h 動力:イスパノスイザ12Y-31(860馬力)×1基 武装:20mm機関砲×1、7.5mm機銃×2 総生産機数:1176機 設計者:― 製造者:モラーヌ・ソルニエ社

1940年には3機のBf109を15秒で撃墜したという記録が残っている。©Kogo

1935年に初飛行を行ったMS.405の改良型として、38年に生産が開始されたのがMS.406。低翼単葉、引き込み脚、密閉風防を採用するも、胴体後部は羽布張りなど、旧式機の特徴も残していた。第二次世界大戦開戦時に、約600機が軍に引き渡され、ドイツ空軍機と熾烈な空中戦を展開した。液冷V型12気筒エンジンは馬力不足ではあったが、フランスの戦闘では敵機191機を撃墜した。またMS.406はフィンランド、スイス、トルコなどにも輸出され、特にフィンランド空軍の機体は、ソ連空軍から獲得したM-105Pエンジン(1100馬力)に換装されたことで性能が向上し、ソ連相手に善戦した。

第6章 フランスの戦闘機

双発重戦闘機の先駆け的存在

ポテ 630〜633／63.11

★★★★★

DATA
初飛行：1936年　乗員：3名　全長：10.93m　全幅：16.00m　全高：3.08m　重量：4530kg　速力：425km/h　動力：GR14M（700馬力）×2基　武装：20mm機関砲×2、7.5mm機銃×1　総生産機数：112機（降伏時）　設計者：ポテ社　製造者：SNCAN　※データはポテ63.11

1941年、シリアのアレッポに展開するポテ630。

第二次大戦開戦前に流行した双発重戦闘機の開発の、先駆けとして位置づけられるシリーズ。ポテ社が開発するフランス軍の主力機種だったが、戦闘機としては能力不足で、主に夜間戦闘機や地上攻撃機として運用された。胴体は全金属製で、空冷星形14気筒エンジン2基を搭載。武装は前方には20mm機関砲2門、後上方に7.5mm旋回機銃1挺を搭載。ポテ630の量産機は、1938年2月に引き渡され、ユーゴスラビアとスイスへ供与されたものも含め88機が生産された。ドイツ侵攻時には8飛行隊がポテ631を配備し地上攻撃に使用したものの、やはり戦闘機としては戦力不足で、大きな戦果を上げることはできなかった。

戦闘機として改良・採用されたレーサー機
コードロン CR.714 シクローヌ

★★★★★★

DATA
初飛行：1936年　乗員：1名　全長：8.63m　全幅：8.97m　全高：2.87m　重量：1750kg　速力：465km/h　動力：R12R03（450馬力）×2基　武装：7.5mm機銃×4　総生産機数：63機　設計者：マルセル・リファール　製造者：コードロン社

元レーサー機だけに細身でエンジンも低出力だが、速度、上昇限度などは優れていた。©Lionel Allorge

　コードロン社が開発した、第二次世界大戦期の戦闘機。1936年に最高速度559km/hを記録したレーサー機C.561を原型として開発。

　機体は木製で、空冷倒立V型エンジン1基を搭載し、武装には20mm機関砲2門と7.5mm機銃4挺を装備した。エンジンの出力の割には速力・上昇力に優れていたが、当時生産が開始されていたMS.406やD.520と比べると明らかに劣っていた。

　それでも一定数生産された理由は、木製で生産が簡単なため、戦闘機の数揃えに使え、他の爆撃機と違うルノー製エンジンを採用していたため、他の製造を妨げなかったからだといわれている。

第6章 フランスの戦闘機

生産ラインの不具合で未完成品として戦地へ
ブロック MB.151〜157

★★★★★

DATA
初飛行：1937年　乗員：1名　全長：9.10m　全幅：10.54m　全高：3.96m　重量：2760kg
速力：509km/h　動力：GR14N-25（1030馬力）×1基　武装：7.5m機銃×4または7.5mm機銃×2、20mm機関砲×2　総生産機数：600機以上　設計者：マルセル・ブロック　製造者：ブロック社
※データはMB.152

主翼を延長しエンジンを出力向上型のノーム・ローン14N11に換装したMB.151。

世界有数の航空機設計者として名を馳せるマルセル・ブロックのブロック社によって開発された単座戦闘機。原型のMB.150は1937年に初飛行を行うが、フランス航空省からは失敗作の烙印を押されてしまう。しかしブロック社は改良を続け、量産性を高めたMB.151を開発する。機体は全金属製で、空冷星形14気筒エンジン1基を採用。武装には7.5mm機銃4挺を装備。同時期に、出力の高いエンジンを搭載したMB.152も開発され、300機以上の注文が入る。しかし、生産ラインが稼働せず、開戦までに120機ほどの納入しかできなかった。しかも大半は、プロペラや照準器のない未完成品であったという。

520km/h超えを果たしたMS.406の後継機
ドボワチーヌ D.520

★★★★★★★

DATA
初飛行:1938年 乗員:1名 全長:8.75m 全幅:10.18m 全高:2.57m 重量:2670kg 速力:543km/h 動力:HS12-Y45(935馬力)×1基 武装:7.5mm機銃×4、20mm機関砲×1 総生産機数:約900機 設計者:ドボワチーヌ社 製造者:SNCAM/SNCASE

戦後もフランス空軍において1953年まで使用されていたD.520。
©PpPachy

MS.406の後継機として期待された、大戦期のフランス空軍戦闘機。フランス降伏後も生産は続けられ、ビジー政府軍が北アフリカなどで運用、ドイツ軍やイタリア軍でも訓練用として使用された。初飛行は1938年10月。試験飛行の結果は必ずしも優秀ではなかったものの、空軍の要求をクリアしたため、1939年に量産が決定した。速度はナチス・ドイツのBf109よりも遅いが頑丈で操縦性に優れたため、実戦でも扱いやすかったという。しかし、武装の調達やエンジンの整備などが遅れるなどのトラブルが続いたことで生産も上手くいかず、MS.406からの転換が終わる前にフランスの降伏が決まった。

第6章 フランスの戦闘機

日本陸海軍もモーターカノン研究用に購入
ドボワチーヌ D.500

★★★★★★

DATA
初飛行:1938年 乗員:1名 全長:7.94m 全幅:12.09m 全高:2.42m 重量:1490kg 速力:402km/h 動力:12YcrsV型(860馬力)×1基 武装:イスパノスイザ20mm機関砲×1、7.5mm機銃×2 総生産機数:381機(シリーズ合計) 設計者:エミール・ドボワチン 製造者:ドボワチーヌ社 ※データはD.510

フランス空軍のドボワチーヌ D.500。©Alain Barria

第一次世界大戦後に配備されたニューポール62戦闘機の更新のために1930年に航空省が出した仕様書C1に基づいて、エミール・ドボワチンが設計した戦闘機。イスパノ・スイザ12Ybrsエンジンを搭載した原型は、1932年6月に初飛行。試験飛行で好成績を収め翌年末には量産型60機が発注された。20mmモーターカノン装備のD.501も量産化が決定。1936年にはエンジンを強化したD.510も完成した。フランス国外ではリトアニアにD.501が7機、D.510が2機輸出され、スペイン内戦の共和国軍に参加した。中国にも少数機輸出されており、日中戦争では、成都や重慶の防空任務に就いている。

自国機生産で手一杯のフランスがオランダに発注

コールホーフェン FK58

★★★★★★

DATA
採用：1939年 乗員：1名 全長：8.67m 全幅：10.97m 全高：3.00m 重量：1930kg 速力：475km/h 動力：グノーム・ローヌ14N-39空冷星型14気筒（1080馬力）×1基 武装：7.5mm機銃×4 総生産機数：20機 設計者：Erich Schatzki 製造者：コールホーフェン社

ドイツ軍侵攻時はプロバンス地方で哨戒任務についていた同機。

自国用戦闘機の生産で新たな戦闘機の開発に手が回らなかったフランスが、オランダのコールホーフェン社に発注した単座戦闘機。

コールホーフェン社は、オランダ空軍に提案した機体の設計を流用し、3カ月という短期間で原型を完成させた。初飛行は1938年7月。1080馬力の空冷エンジンを採用し、武装は7.5mm機銃4挺を搭載。機体は木金混合構造で主翼や胴体は布張りと旧式機の特徴を残していたが、主脚は引き込み式が採用された。1939年にフランスは50機を発注。原型2号機がベースの初期生産型36機がオランダの工場で製造された。

しかしドイツ軍侵攻までに間に合ったのは、18機だけであった。

第6章 フランスの戦闘機

フランスが誇る国産ジェット戦闘機第1号
ダッソー MD450 ウーラガン

★★★★★★

DATA
採用：1949年 乗員：1名 全長：10.74m 全幅：13.06m 全高：4.14m 重量：4412kg 速力：940km/h 動力：RRニーンMk104Bターボジェット（推力2270kg）×1基 武装：20mm機関砲×4、ロケット弾×16または450kg爆弾×2 総生産機数：500機以上 設計者：ダッソー・ブレゲー社 製造者：ダッソー・ブレゲー社

印パ戦争、中東戦争に投入されたダッソー MD450 ウーラガン。

マルセル・ダッソーによって開発された、フランスで最初の実用国産ジェット戦闘機。開発はダッソー社の自社資金で進められ、原型は1949年2月に初飛行した。その性能の高さに注目したフランス空軍は、原型機15機、初生産型150機の発注を行った。F-86セイバーにも負けない能力を持つジェット戦闘機として期待されたが、納入直後にMD450の改良型であるミステールが完成したことで、調達の対象が変更されるだけとなり、3個飛行大隊へ配備されるだけとなった。フランス以外では、建国したばかりのイスラエルとインドに輸出されている。

ウーラガンから発展した"神秘的な"後退翼機
ダッソー MD452 ミステール

★★★★★★★

DATA

採用：1951年　乗員：1名　全長：11.7m　全幅：13.1m　全高：4.26m　重量：5225kg　速力：1060km/h　動力：スネクマアター101D（推力2940kg）×1基　武装：30mm機関砲×2、外部兵装900kg　総生産機数：421機　設計者：―　製造者：ダッソー・ブレゲー社　※データはミステールⅡC

生産された421機のうち、110機がインドに、60機がイスラエルに輸出された。

ダッソー社がウーラガンをもとに開発したジェット戦闘機。試作1号機はウーラガンを後退翼にしただけの機体であった。さらに強力なエンジンに換装した試作2号機、3号機を開発。そしてエンジンをアター101に換装したミステールⅡCが量産され、1953年から部隊配備が開始される。さらに複座にした全天候戦闘機ミステールⅢも試作されたが採用には至らなかった。ミステールⅠ、Ⅱ、Ⅲは合計で166機生産され、すべてフランス空軍で運用された。同社はその後も高性能な機体を開発し続け、胴体形状、主翼などを改良したミステールⅣを開発。1954年から量産が開始され、421機が生産された。

第6章 フランスの戦闘機

様々な形式を兼用できるマルチな双発機
シュド・ウェスト S.O.4050 ボートゥール

★★★★★★

DATA
採用：1952年 乗員：2名 全長：15.57m 全幅：15.10m 全高：4.94m 重量：14900kg 速力：951km/h 動力：スネクマアター101E3（推力3500kg）×2基 武装：30mm機関砲×4、ロケット弾×232（爆撃機型は爆弾450kg×6） 総生産機数：― 設計者：SNCASO 製造者：SNCASO

「ボートゥール」とはハゲタカの意味である。©marie3379

　シュド・ウェスト（SNCASO）社が開発した、全天候戦闘機、地上攻撃機、軽爆撃機、偵察機のいずれにも兼用できる、珍しい双発多用途。エンジンポッドを主翼の両側に配置し、胴体の前後には、アメリカ空軍のB-47と同様に、タンデム式の降着装置が設置されている。原型機の初飛行は1952年10月。その後採用され、計140機が生産された。全天候戦闘機型、戦術戦闘機型、爆撃機型の3つの形式の中で、もっとも高く評価されたのは全天候戦闘機型。30mm機砲×4、ロケット弾232発という強力な武装が重宝され、1960年代末まで第一線に配備された。

ヨーロッパで最初の実用超音速戦闘機
ダッソー シュペールミステール

★★★★★★

DATA

採用：1955年　乗員：2名　全長：14.13m　全幅：10.52m　全高：4.55m　重量：6932kg　速力：1195km/h　動力：スネクマアター101G-2×1基　武装：30mm機関砲×2、外部兵装2680kg　総生産機数：180機　設計者：―　製造者：ダッソー・ブレゲー社

イスラエルへ輸出された機は中東戦争で空中戦などで活躍した。©Oren Rozen

　ダッソー・ブレゲー社がミステールⅣBをベースに開発した音速戦闘機。ヨーロッパでは水平飛行で音速を突破した最初の戦闘機としてその名を知られている。ミステールの名が付いているが、MD452との関係は特になく、45度の後退角を持つ主翼など、アメリカのF-100スーパーセイバーの影響を窺わせる。エンジンはアフターバーナー付きのアター101G（推力4500kg）を搭載し、最高速度は1195km/hに達する。1957年からフランス空軍への就役を開始したが、高性能なミラージュⅢが直前に登場したことにより、生産機数は180機に限定され、そのうち24機はイスラエルに売却された。

第6章 フランスの戦闘機

アルゼンチン海軍機はシェフィールドを撃沈
ダッソーブレゲー シュペルエタンダール
★★★★★★

DATA
採用：1973年 乗員：1名 全長：15.03m 全幅：8.22m 全高：4.50m 重量：6500kg 速力：1380km/h 動力：スネクマアター8K50×1基 武装：30mm機関砲×2、外部兵装2100kg 総生産機数：85機 設計者：ダッソー・ブレゲー社 製造者：ダッソー・ブレゲー社

空中での給油を受けるシュペルエタンダール（アルゼンチン海軍機）。©Martin Otero

フランス海軍がダッソー・ブレゲー社に、エタンダールIVの後継機として開発を要求した機体。当初はイギリスと共同で開発したジャギュアの海軍型の装備が計画されたが、片発停止時のアフターバーナーエンジン出力操作など、性能面で軍の要求を満たさなかったことで計画中止に。そしてダッソー社が独自に提案していたエタンダールIVMの改良発展型が採用された。原型機の初飛行は1974年10月28日。78年6月から海軍への引き渡しが開始され、83年に生産終了となった。同機はアルゼンチンにも輸出され、フォークランド紛争で、イギリス海軍の駆逐艦シェフィールドを撃沈したことでも有名だ。

ダッソー ミラージュⅢ

60〜70年代を代表する名ジェット機

オーストラリア空軍のミラージュⅢ。

同機開発の歴史は1953年。朝鮮戦争での戦訓をもとに、空軍は全天候型兵器を搭載して6分以内に高度1万8000mにまで達する性能を持つ小型軽量の戦闘機の開発を求めた。この要求を受けて1955年に完成したのがミラージュⅠ。そしてその改設計型であるミラージュⅡを経て、フランス初のマッハ2級戦闘機、ミラージュⅢが完成した。SNECMAアフターバーナー搭載エンジンの採用、イギリス製のフェアリ・デルタ2の研究成果などを盛り込んだ同機は中南米やヨーロッパ諸国へも輸出された。また多くの派生型を生み、ソ連のMiG-21や

★★★★★★★☆
DATA
初飛行：1955年 乗員：1名
全長：15.03m 全幅：8.22m
全高：4.50m 重量：7050kg
速力：2350km/h 動力：スネクマアター9Cターボジェット（推力6200kg）×1基 武装：30mm機関砲×2、翼下および胴体下にマトラR550誘導ミサイル×2 総生産機数：1422機（ミラージュ5/50を含む） 設計者：ダッソー・ブレゲー社 製造者：ダッソー・ブレゲー社

第6章 フランスの戦闘機

アメリカのF-104などと並ぶ、60〜70年代を代表する戦闘機となった。

1955年に開発されたミラージュⅠ。

ダッソー ミラージュF1

ミラージュシリーズではレアな水平尾翼機

同機は様々な国へ輸出され、湾岸戦争や、イラク戦争、リビア内戦などに投入された。

新世代機のホープとして、ダッソー社が自社資金で開発を続けた防空戦闘機。無尾翼デルタ全盛のミラージュシリーズ中で、後退翼と水平尾翼の組み合わせを採用した珍しい機体である。無尾翼を採用しなかった理由はSTOL性能を向上させるため。ミラージュF1の全機揚力係数はミラージュⅢの2倍となり、30%の滑走距離短縮が可能になった。原型の初飛行は1966年12月23日。そして7年後の1973年5月に部隊配備が開始となっている。

同機はフランス以外でも多くの国に輸出され、そのほとんどが実戦を経験した。2011年のリ

★★★★★★★★
DATA
初飛行：1966年 乗員：1名 全長：15.30m 全幅：8.40m 全高：4.50m 重量：7400kg 速力：2520km/h 動力：スネクマアター9K-50ターボジェット（推力7200kg）×1基 武装：30mm機関砲×2、シュベル530F空対空ミサイルなど 総生産機数：720機
設計者：ダッソー・ブレゲー社
製造者：ダッソー・ブレゲー社

第6章 フランスの戦闘機

湾岸危機時の「砂漠の盾作戦」に参加するフランス空軍とカタール空軍、カナダ空軍。先頭がフランス空軍のミラージュF1C。

ビア内戦では、リビア空軍機2機が反政府デモ隊への爆撃を拒否。マルタへ亡命した。

ダッソー ミラージュ 2000

無尾翼デルタの復活で航空性能が向上

世界的に有名なミラージュ・シリーズ初のマルチロール機になった。

ダッソー社はミラージュF1で一度離れたデルタ翼を、後継機のミラージュ2000で再び採用した。デルタ翼は空気抵抗を抑え、燃料も多く収容できた。

機体は複合材で軽量化を図り、ブレンデッド・ウィングボディで空気抵抗の低減を目指した。自重は7500kgと、ミラージュⅢに比べて若干重いが、様々な装備品も充実していることから考えても、軽量化はある程度成功しているといえるだろう。機動性の確保はM53エンジンの優秀性も手伝っている。

設計開始から初飛行まで、ダッソー社はわずか

★★★★★★★★
DATA

初飛行：1978年 乗員：1名 全長：14.36m 全幅：9.13m 全高：5.20m 重量：7500kg 速力：2520km/h 動力：スネクマM53-P2（推力6600kgp）×1基 武装：30mm機関砲×1 総生産機数：230機（フランス空軍向け） 設計者：ダッソー・ブレゲー社 製造者：ダッソー・ブレゲー社

第6章　フランスの戦闘機

27カ月のピッチで開発を進めた。1983年には量産型の納入が開始され、翌年には実戦配備が行われている。

ミラージュ2000の派生機は機関砲を充実させて防空能力を向上させたDAが量産型として代表的だ。そこからさらに電子装備を中心に改良を重ねた。

マルチロール型のミラージュ2000-5が開発され、フランス空軍はもちろん、台湾とカタールでも採用された。このうち核戦力としてのN型、レーザー誘導など多目的用途を備えたD型のふたつの攻撃型が開発され、フランス空軍限定で備えられている。

F-16やF/A-18の人気の陰に隠れ、輸出面ではあまり芳しくなかった。しかし火器管制装置など攻撃力を改良した輸出仕様型はギリシャ、アラブ首長国連邦で採用された。1991年にはクウェート空軍で砂漠の嵐作戦に参加している。2007年には製造を終了している。

ダッソー ラファール

フランス独自の道を貫く無尾翼デルタ式戦闘機

イギリス、フランス、西ドイツ、イタリア、スペインの5カ国で戦闘機を開発する合意からフランスが脱退し独自に開発を進めたのが同機。脱退した理由は、エンジンに自国産のM88が採用されなかったこと、要求する生産シェアも受け入れられなかったことなどが挙げられる。残った国が、のちにユーロファイター・タイフーンと呼ばれることとなる機体の調整を行っている間、国家間の調整が必要ないため、ラファールの開発は順調に進んだ。

そして1986年7月に原型が初飛行。1988年4月に、フランス政府は空軍と海軍の

★★★★★★★★
DATA

採用：1988年 乗員：1名 全長：15.27m 全幅：10.86m 全高：5.34m 重量：9850kg 速力：2203km/h 動力：スネクマM88-2×2 武装：MICA空対空ミサイルなど 総生産機数：611機 設計者：ダッソー・アビアシオン社 製造者：ダッソー・アビアシオン社
※データはラファールC

第6章　フランスの戦闘機

機体名称の「ラファール」は疾風、突風の意味。

フランスが自国で開発を行った新世代戦闘機。
©Patrick Rogel

新たな戦闘機として採用を決定した。武装は翼端にミサイルランチャーを装備。ハードポイントは14カ所となっている。

第6章 フランスの戦闘機

まだあるフランスの戦闘機

ダッソー ミラージュ 5/50

©Rob Schleiffert

第7章
イタリアの戦闘機

車で代表されるようにかなり個性的なイタリアの戦闘機。G.50フレッチアや
MC.200サエッタなどラテンの風薫るイタリアン・ファイターの数々だ。

最も優れた単座式複葉戦闘機のひとつ
フィアット CR.32

★★★★★★

DATA

採用：1934年 乗員：1名 全長：7.45m 全幅：9.50m 全高：2.63m 重量：1914kg 速力：360km/h 動力：フィアットA30V型12気筒(600馬力)×1基 武装 7.7～12.7mm機銃×2 総生産機数：1211機 設計者：チェレスティーノ・ロザテッリ 製造者：フィアット社

スペイン内戦、第二次世界大戦などで使用された。

1930年代のスペイン内戦から第二次世界大戦時まで活躍した、最後の複葉戦闘機のひとつ。機体は軽合金と鋼管のフレームに羽布張り。エンジンはフィアット製液冷V型12気筒で、600馬力をひねり出し、流線型のボディーや操作性の良さから、「もっとも優れた単座式複葉戦闘機のひとつ」と呼ばれた。

主にイタリア空軍で使用されたが、1935年には中国に輸出され日本軍とも戦った。1940年代にはスペインでも100機ほどが生産された。CR.32から派生した機は、近接支援型のCR.32bis、その改良型のCR.32ter、CR.32quater、CR.33へと続いた。

第7章 イタリアの戦闘機

第二次大戦最後の複葉戦闘機
フィアット CR.42 ファルコ

★★★★★

DATA
初飛行:1938年 乗員:1名 全長:8.26m 全幅:9.70m 全高:3.30m 重量:2295kg 速力:440km/h 動力:フィアットA74R1C38 空冷星型14気筒(840馬力)×1基 武装:12.7mm機銃×4 総生産機数:1781機 設計者:チェレスティーノ・ロザテッリ 製造者:フィアット社

大戦末期にはアフリカ戦線などで戦闘爆撃機として運用された。

　CR.42は、それまでイタリア空軍で使用されていた複葉戦闘機CR.32の発展型であり、第二次大戦中に生産された最後の複葉戦闘機となった。

　開発当時にはすでに時代遅れではあったが、CR.32のスペイン内戦時の実績により、複葉戦闘機の可能性はまだ否定できないと考えられたためだった。

　CR.32同様の鋼管フレームに羽布張りの構造、上下翼幅の異なる主翼を持ち運動能力は高い。

　CR.42DBと呼ばれる試作機では、ダイムラー・ベンツのDB601Eエンジンを搭載し、複葉機最速の時速520km/hを誇った。呼称の「ファルコ」はイタリア語で鷹を意味する。

313

フィアット G-50 フレッチア

大戦初期におけるイタリア空軍の主力戦闘機

大戦中は地中海やギリシャ方面に展開したG.50。

　開発当時、G.50はイタリア空軍の徹底的な改修命令を受けて完成させたにもかかわらず、初飛行時のパイロットからきりもみの飛行特性の報告を受けていた。その後、スペイン内戦ではイタリア市援軍として実戦テストを行い、第二次大戦では97機が就役し、イタリア空軍の主力戦闘機のひとつとなった。1941年にはサルジニア島にてイギリス軍と交戦し、アルバニアにも展開してギリシャ軍とも交戦している。

　しかし、航続距離の短さや最高速度の低さ、武装の貧弱さゆえ、戦闘機としての期待に対して大きな戦果を上げることができず、その後、戦闘爆

★★★★★★★★
DATA

採用：1939年　乗員：1名　全長：7.79m　全幅：10.96m　全高：2.96m　重量：2415kg　速力：473km/h　動力：フィアットA74RC38空冷星型14気筒（840馬力）×1機　武装：12.7mm機銃×2　総生産機数：約500機　設計者：ジョセッペ・ガブリエリ　製造者　フィアット社

314

第7章 イタリアの戦闘機

撃機として利用されるようになった。きりもみの欠点は終戦時まで改修されることはなかった。

G.50の構造は、全金属製といわれているが、舵部分は布張り。エンジンはフィアット製A74 RC38・14気筒空冷エンジンを使用し、840馬力の性能を誇る。

G.50原型からG.50生産型に移行するとともに、垂直尾翼が設計改修され、さらに開放式操縦席付き練習戦闘機に、G.50bは複座複操縦装置付き練習戦闘機となった。その後のG.50bは、垂直尾翼と方向舵を改良し、航続距離も延長された。

G.50bisAはG.50bisを改修した戦闘爆撃機で、300kgまでの爆弾を搭載可能とした。

その後、空母搭載型のG.50bisA／N、1000馬力のフィアットA76エンジンを搭載し、最高時速530km／hのG.50ter、ダイムラー・ベンツDB601エンジンを搭載し、最高時速580km／hのG.50Vへと変わっていった。呼称の「フレッチア」はイタリア語で「矢」の意味。

愛称の"サエッタ"は稲妻、矢の意味。

マッキ MC-200 サエッタ

カーチスP-40とも互角に戦った単座戦闘機

MC.200は、第二次世界大戦直前、イタリア空軍の近代化、拡張計画「プログラムR」を受けて設計、開発された戦闘機だ。1938年には、フィアットG.50やCR.42（複葉機）他の計画応募の作品中、最優秀機と判定され、イタリアが第二次大戦に参加するまでに150機が配備された。

しかしその後、事故が発生し主翼の改修が行われたため、実戦参加は1940年9月になった。初陣はマルタ島攻撃における援護機としてだった。その後の評判は良好で、複葉式戦闘機を好むパイロットにも受け入れられ、ギリシャ、北アフリカ、ユーゴスラビア、ロシア戦線などに配備さ

★★★★★★★
DATA
採用：1939年 乗員：1名 全長：8.19m 全幅：10.68m 全高：3.51m 重量：2200kg 速力：510km/h 動力：フィアットA74RC38空冷星型14気筒（840馬力）×1基 武装：12.7mm機銃×2 総生産機数：1153機 設計者：マリオ・カストルディ 製造者：約400機がマッキ社、他はブレダ社及びSAIアンブロジーニ社

第7章　イタリアの戦闘機

れ、イギリス軍のホーカー・ハリケーンやアメリカ軍のカーチスP-40とも互角に戦った。

しかし、イギリス軍のスピットファイアなどの新鋭機が配備される時代になると対抗するのは難しくなり、戦闘機から次第に戦闘爆撃機の任務に就くことが増えていった。イタリア降伏時まで使用され、その後、一部は連合国側についたイタリア人パイロットにより練習機として使用された。

初期生産型の機体はティアドロップ型風防付き密閉式操縦席だったが、視界や速度感覚の問題から、開放型の操縦席を好むパイロットが多かったため、後期からは半密閉式開放型に改められている。これは、当時の計器類は信用度が低く、また風防からの視認性の問題もあり、パイロットが風を肌に感じることによる勘や経験で操縦を補っていたためといわれる。

生産は総生産数のうち約400機がマッキ社、それ以外がブレダ社及びSAIアンブロジーニ社といわれている。

輸出機として成功したずんぐり型の戦闘機

レッジアーネ Re.2000 ファルコ

★★★★★

DATA
初飛行：1938年 乗員：1名 全長：7.99m 全幅：11.00m 全高：3.20m 重量：2850kg（全備） 速力：530km/h 動力：ピアッジョP.XIbis RC40空冷星型14気筒（1000馬力）×1基 武装：12.7mm機銃×2、200kg爆弾 総生産機数：約170機 設計者：アントニオ・アレシオ及びロベルト・ロンギ 製造者：レッジアーネ社

輸出以外に大型戦艦のカタパルトから射出できる戦闘機としてイタリア海軍が運用した。

1936年、イタリアの航空機メーカーカプローニ社の子会社であるレッジアーネ社は、イタリア空軍の仕様に基づいてレッジアーネRe.2000を開発した。そのずんぐりとアメリカナイズされた機体は、アメリカで航空機設計に従事したロベルト・ロンギによるもの。飛行性能はマッキMC.200などのライバル機より優れていたが、構造が複雑、エンジン性能が信頼性に欠ける、そして翼内に設置された燃料タンクが戦闘時に不利と判断。結局、マッキMC.200が採用され、Re.2000は他国への輸出機として成功。その後、カタパルト射出用として改修された型がイタリア海軍に納入された。

318

第7章 イタリアの戦闘機

不採用の前型機を改良した単座戦闘機
レッジアーネ Re.2001 アリエテ

★★★★★★

DATA
採用：1941年 乗員：1名 全長：8.36m 全幅：11.00m 全高：3.15m 重量：3280kg 速力：540km/h 動力：アルファロメオ RA1000RC41-1aモンソーネ液冷倒立V型12気筒(1175馬力)×1基 武装：12.7mm機銃×2、7.9mm機銃×2、640kg爆弾 総生産機数：252機(243機説もあり) 設計者：― 製造者：レッジアーネ社

大戦後残存した機体は新生イタリア空軍で1950年代直前まで任務に就いた。

レッジアーネ社はRe.2000ファルコがイタリア空軍に不採用となったことを受け、同じ機体により強力で信頼性の高いダイムラー・ベンツ製DB601Aエンジンを搭載するRe.2001アリエテを開発した。しかし、これもまた性能向上にはつながらず、さらにDBエンジンはドイツ本国への供給が最優先され、量産化には至らなかった。

その代替策としてアルファロメオ製のRA1000RC41-1aエンジンを搭載したが、こちらも優先権はライバル機のマッキM.C.202にあったため、総生産数は252機にとどまった。

その後、戦闘爆撃機（CB）などの派生型が製作されている。

最優秀機と評されたMC.200の後継戦闘機

マッキ MC.202 フォルゴーレ

★★★★★★

DATA
採用:1941年　乗員:1名　全長:8.85m　全幅:10.58m　全高:3.49m　重量:2930kg　速力:600km/h　動力:ダイムラー・ベンツDB601A液冷倒立Ｖ型12気筒(1100馬力)×1基またはアルファロメオRA1000RC41-I 液冷倒立Ｖ型12気筒(1175馬力)×1基　武装:12.7mm機銃×1、7.7mm機銃×2、爆弾×2、100リットルドロップタンク×2　総生産機数:約1500機　設計者:マリオ・カストルディ　製造者:マッキ社、ブレダ社、SAIアンブロシーニ社

文字通りイタリア空軍の主力戦闘機となったフォルゴーレ。

イタリア空軍に最優秀機と評されたMC.200サエッタを設計したマリオ・カストルディは、さらなる高性能機を求めてダイムラー・ベンツ製DB601Aエンジンを搭載するMC.202フォルゴーレの開発を始めた。

エンジンこそ違え、尾翼や主脚はサエッタそのままで、左の翼が右に比べ20cm長い主翼形状もよく似ていた。

空軍当局からはすぐさま量産命令を受けたが、ダイムラー・ベンツ製エンジンはドイツ国内への供給が優先され、生産数は限られていた。しかし、1942年からアルファロメオ社がライセンス生産するRA1000RC41エンジンを搭載し、生産は軌道に乗った。

第7章 イタリアの戦闘機

第二次大戦レッジアーネ社最後の戦闘機
レッジアーネ Re.2005 サジタリオ
★★★★★★

DATA
採用:1943年 乗員:1名 全長:8.73m 全幅:11.00m 全高:3.15m 重量:3610kg 速力:678km/h 動力:フィアットRA1050RC58ティフォーネ液冷倒立V型12気筒(1475馬力)×1基 武装:12.7mm機銃×2、20mm機関砲×3、630kg爆弾 総生産機数:48機(37機説もあり) 設計者:― 製造者:レッジアーネ社

630kgまでの爆弾を積むことができ、戦闘爆撃機としても使用された。

Re.2005サジタリオは、レッジアーネ社が第二次大戦中に開発した、最後の戦闘機となった。

イタリア空軍当局は当初、レッジアーネ社に750機の発注をしていたが、当時、優秀とされていたダイムラー・ベンツ製のDB605エンジンを搭載予定だったため、他のイタリア戦闘機と同様、エンジン供給は本国優先という理由でフィアット社製のライセンス生産エンジンの生産が軌道に乗るのを待たなければならなかった。

そのため、サジタリオの実戦配備は、イタリア降伏(1943年9月)の2カ月前にまでずれ込んだ。ようやく実戦配備された本機は、シシリー島やナポリ、ローマなどの防衛戦で奮闘した。

大型爆撃機を退けた優れた迎撃戦闘機
フィアットG.55 チェンタウロ

★★★★★★

DATA
採用：1943年 乗員：1名 全長：9.37m 全幅：11.85m 全高：3.13m 重量：3718kg（全備） 速力：620km/h 動力：フィアットRA1050RC液冷倒立V型12気筒（1475馬力）×1基 武装：12.7mm機銃×4、20mm機関砲×3、160kg爆弾×2 総生産概数：約350機 設計者：ジュゼッペ・ガブリエッリ 製造者：フィアット社

高高度性能を持ち合わせ、強力な武装を有していたチェンタウロ。

チェンタウロの原型機は、空気力学的に優れた機体を、大量生産に適した頑丈な構造で製造することに重点が置かれ、それまでのイタリア製戦闘機に比べて、格段に運動性能に優れていて高評価を得ていた。しかし、イタリアが降伏するまでに軍に納入された機体はわずか31機のみ。その理由は、他のイタリア機同様にドイツ製エンジンの供給問題からだった。

降伏後もファシスト政権残党によって生産が続けられたが、戦局が悪化し、連合軍の大型爆撃機B-17やB-24などが押し寄せるようになると、強力な武装が功を奏し、優れた迎撃戦闘機として活躍した。

「チェンタウロ」とは、半人半馬の神話上の生物、ケンタウロスの意。

第7章 イタリアの戦闘機

連合軍艦船への攻撃支援がデビューの戦闘機
マッキ MC.205V ヴェルトロ

★★★★★★

DATA
採用：1943年　乗員：1名　全長：8.85m　全幅：10.59m　全高：3.05m　重量：3408kg　速力：640km/h　動力：フィアットRA1050RC58ティフォーネ液冷倒立V型12気筒（1457馬力）×1基　武装：12.7mm機銃×2、20mm機関砲×2、320kg爆弾　総生産機数：262機　設計者：マリオ・カストルディ　製造者：マッキ社

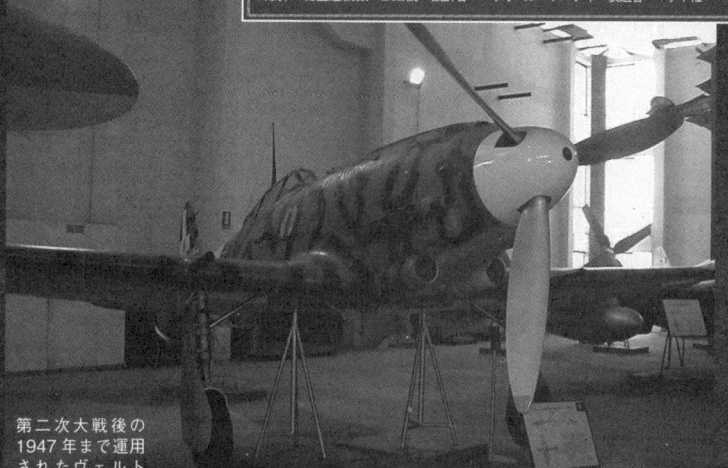

第二次大戦後の1947年まで運用されたヴェルトロ。©Ciro

イタリア空軍は、MC.200サエッタの機体にダイムラー・ベンツ製DB601エンジンを搭載したMC.202フォルゴーレが成功すると、さらなる高出力のDB605エンジンを搭載する戦闘機を求めた。当初、機体に大きな改造を施した205Nと最小限の改修のみの205Vで進めたが、採用されたのは205Vの方だった。しかし、量産化する頃には、ドイツ製エンジンの納入問題が予見されていて、他のイタリア機と同様に実戦配備されたのは降伏直前だった。

ヴェルトロの実戦参加は降伏2カ月前のシチリア沖での連合軍艦船への攻撃支援が初。降伏後も生産され、ドイツ軍に使用された。

国際記録を樹立した旅客機をもとに開発された戦闘機

アンブロジーニ S7

★★★★★★

DATA

採用：— 乗員1〜2名 全長：8.17m 全幅：8.79m 全高：2.80m 重量：1317g（全備） 速力：358km/h 動力：アルファロメオ 115ter空冷6気筒（225馬力）×1基 武装：— 総生産機数：184機 設計者：— 製造者：アンブロジーニ社（戦後モデル）

戦後、イタリア空軍で1956年まで戦闘練習機として使用された。

イタリア航空機社（S.A.I.）は、第二次大戦直前に100km周回コースで国際記録を樹立した高速連絡用の複座単葉旅客機・アンブロジーニ S.A.I.7を原型に、戦闘機と戦闘練習機を開発した。

それが本機である。

その最終型となったS.A.I.403は、750馬力エンジンによって時速650kmの速度を発揮した。オーダーは3000機あったが、イタリアが降伏するまでに戦闘機16機、戦闘練習機10機のみが製造されたに過ぎなかった。そして、完成した機体も実戦に配備されることはなかった。

戦後、エンジンが換装された機体が戦闘練習機として1956年まで製造されていた。

324

第7章 イタリアの戦闘機

まだある イタリアの戦闘機

レッジアーネ Re.2002 アリエテ II

メリディオナリ Ro.57

第7章 イタリアの戦闘機

ブレダ Ba.27

フィアット G.59

第8章
中国・韓国・北朝鮮の戦闘機

独自の開発を進め、刻一刻と軍事大国化していく中国と、
決して大国ではない韓国、そして北朝鮮の戦闘機を紹介。

MiG-21を原型とした多用途戦闘機

成都 瀋陽 殲撃7型（J-7）

J-7は中華人民共和国が殲撃6型（J-6、MiG-19の中国生産版）に続き、国内で生産した戦闘機で、原型は旧ソ連のMiG-21。NATOのコードネームは「フィッシュベッド（Fishbed）」だった。

1961年、中国と旧ソ連はMiG-21のライセンス生産に同意した。しかし、ノックダウン生産（部品を輸入して現地で組み立てをする）部品が渡った時点で、折からの中ソ対立によって、旧ソ連側の技術者全員が引き上げてしまい、中国は部品や図面だけを頼りに独力で組み立てをしなければならない事態となった。

★★★★★★★
DATA
採用：1967年　乗員：1名　全長：14.9m　全幅：7.15m　全高：ー　重量：5895kg　速力：2497km/h　動力：ツマンスキーR-25-300（推力7003kg）×1基　武装：30mm機関砲×1　総生産機数：約10000機（J-7～最終型まで）　設計者：ミコヤン・グレビッチ設計局　製造者：瀋陽飛機工廠、成都飛機工廠　※データはJ-7

328

第8章　中国・韓国・北朝鮮の戦闘機

1969年の珍宝島事件、1979年の中越戦争などで使用されたJ-7。

しかし、J-7は本格的な超音速機であり、組み立てるだけでも相当の技術力を必要とする。当時の中国にその技術はなく、さらに文化大革命の真っ最中であったことから、その作業は遅々として進まなかった。結局、ノックダウン機を組み立てることに成功したのは1965年11月。翌年には初飛行を成功させ、1967年には実用化されている。

その後、1975年には改良版の研究が始まり、エンジンのパワーアップやドラッグシュートの装備などで、この機はJ-7Ⅱと名付けられ、1980年より生産が始まっている。

機体価格が安いことから、主に発展途上国など、中国の友好国からの要望で多くの機が輸出された。

輸出型はF-7Bと呼ばれた。また1979年からは、F-7Bに西側製の測距レーダーや、エアデータコンピューター、電波高度計などを搭載したF-7Mの開発が始まり、1985年から輸出されている。

中国人民軍空軍初の戦闘爆撃機

西安 殲轟7型（JH-7）

★★★★★★

DATA
採用：1992年　乗員：2名　全長：21.0m　全幅：12.70m　全高：6.58m
重量：28475kg(全備)　速力：2080km/h　動力：渦噴9型(推力7095kg)×2基　武装：23mm機関砲×2　総生産機数：約20機　設計者：西安第603航空機研究所　製造者：西安航空機工業

2011年10月、陝西省で行われた航空ショーで1機が墜落するという事故を起こしている。©Czip001

JH-7はQ-5攻撃機の後継機として、第603航空機設計所で設計開発、西安飛機工業公司で製造された中国人民軍空軍初の戦闘爆撃機である。NATOコードネームは「フラウンダー」。

それまでの旧ソ連のライセンス生産機や自主改修機とは異なり、JH-7は英仏共同開発のジャギュアやミラージュF1など、西側のデザインを意識した機体設計となっている。機体サイズやエンジン性能を鑑みると、F-4ファントムIと同程度の性能と予想されるが、中国人民解放軍のみに配備されているため、上昇限度、航続距離など不明な点が多い。また現在、外観を再設計しステルス化した機を開発中との噂もある。

独自に開発したJ-7の発展型戦闘機
瀋陽 殲撃8型Ⅰ/Ⅱ(J-8)

★★★★★★★

DATA

採用：1980年　乗員：1名　全長：21.39m　全幅：9.35m　全高：5.41m
重量：10371kg　速力：2693km/h　動力：渦噴7Aターボジェット（推力7003kg）×2基　武装：30mm機関砲×2、誘導ミサイル×4　総生産機数：140機　設計者：第601航空機設計所　製造者：瀋陽航空廠

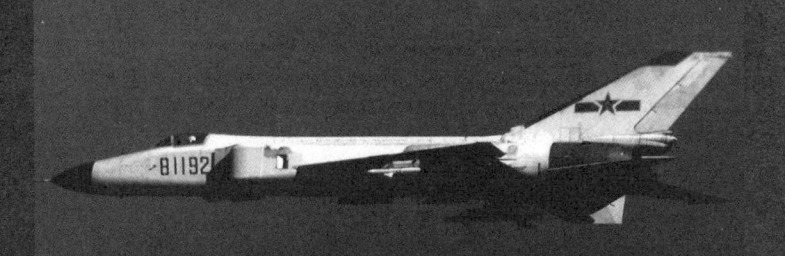

J-8の発展型のJ-8Ⅱ。機体構成はソ連のSu-15初期型を真似たといわれる。

1950年代末から60年代初頭にかけて、著しく悪化した中ソの友好関係を受けて、中国軍は旧ソ連軍との交戦も視野に入れた軍事力拡張の必要に迫られた。

当時、自力でMiG21のコピー機であるJ-7の生産にこぎつけた中国であったが、ソ連を上回る軍事力確保のため、独自にJ-7の発展型戦闘機の開発を進めることになった。機体を拡大し、当時中国で入手可能だった唯一の戦闘機用エンジン・渦噴7型を2基搭載することでJ-8を完成させたのは、70年代後半になってからのことだった。J-8Ⅱは機首にレーダー装置を備えた発展型。ただし、電子機器分野が遅れていたため、実力は不明な部分が多い。

331

成都殲撃10型（J-10）

現在も生産が行われている軽戦闘機

西側諸国ではヴィゴラス・ドラゴン（猛龍）と呼ばれているJ-10。©Retxham

いまだ中ソ対立が激しかった1980年代、完成当初からすでに時代遅れとなりつつあったJ-8やその改良型であるJ-8Ⅱもアビオニクスの点から他国より遅れていた。

当時、アメリカは日本、韓国周辺にF-16やF/A-18の配備を進め、一方、ソ連はMiG-29やSu-27を実用化するなど、中国の空軍力は劣勢に立たされていた。その中で中国が目をつけたのが、計画中止となっていたイスラエルの試作戦闘機・ラビだった。

1980年代中頃に計画されたJ-9開発の経験とイスラエルの援助によって98年に原型1号機

★★★★★★★★
DATA

採用：2005年 乗員：1名(J-10A)、2名(J-10S) 全長：15.50m 全幅：9.7m 全高：4.78m 重量：9730kg 速力：2264～2448km/h（諸説あり） 動力：サトゥールンAL-31FN（ドライ推力8093kg）×1基 武装：23mm機関砲×1 総生産機数：― 設計者：成都飛行工業集団公司 製造者：成都飛行工業集団公司

第8章 中国・韓国・北朝鮮の戦闘機

が初飛行した。エンジンはロシア製のサトゥールン AL-31を搭載していた。

J-10はイスラエルや北朝鮮も興味を示しているという。©Peng Chen

瀋陽 殲撃11型 (J-11/15)

Su-27のライセンス生産で製造された戦闘機

中国はJ-11のライセンス生産契約を打ち切り、J-11Bの生産を開始したが違反していることが発覚して挫折。

1990年代、中国はロシアから旧ソ連が開発したスホーイSu-27SK戦闘機を計76機輸入していたが、国内での生産に強い関心を示していた。そして95年、中国からの要望によってライセンス生産契約を結び、J-11の名称で生産を開始した。当初、ライセンス生産とはいえ、ロシア側から供給された部品を組み立てるノックダウン生産だったが、その後、ロシアからの技術協力によって、国内生産が可能になった。

しかし中国側は、同機が完全な戦闘機であり、空対地攻撃力が限定的だったため、戦闘攻撃機としての能力に不満を抱いていた。そこで中国空軍

★★★★★★★
DATA
採用：— 乗員：1名 全長：21.49m 全幅：14.70m 全高：6.36m 重量：16380kg 速力：2876km/h 動力：サトゥールンAL-31Fターボファン×2基 武装：30mm機関砲×1 総生産機数：— 設計者：スホーイ設計局 製造者：瀋陽航空機工業
※データはJ-11

第8章　中国・韓国・北朝鮮の戦闘機

は、本機を基に独力で空対地、空対艦攻撃も可能な戦闘攻撃機の開発を始めた。そこで開発されたのがJ-11Bである。

J-11Bは着陸装置や機体の強度を高めたが、一部に複合素材を使用し、重量は原型より700kg程度減少。さらに機体設計の変更とレーダー波吸収塗料の使用により、レーダー反射断面をJ-11の3分の1から5分の1に減らすことに成功している。

2000年代に入ると、中国はウクライナより旧ソ連製の空母ヴァリャーグの未成艦を購入し、自国にて航空母艦「遼寧」を完成させた。それに搭載するために開発されたのがJ-15である。

J-15は同じくウクライナから購入したスホーイSu-33の試作機を分析し、開発中だったJ-11Bのアビオニクスを加えて2009年8月末に初飛行している。しかし、それに先立つ2006年、J-11Bに関して知的財産権協定の違反が認められ、ロシアとの新たな交渉は成立していない。

ほぼ情報がない第五世代双発ステルス戦闘機
成都 殲撃20型（J-20）

★★★★★★★

DATA（推測値）

採用：― 乗員：1名 全長：22.8m 全幅：13.7m 全高：― 重量：― 速力：2203km/h 動力：サトゥールンAL-31（推力12497kg）×2基 武装：― 総生産機数：― 設計者：中国航空工業集団公司 製造者：中国航空工業集団公司力122.6

飛行するJ-20のイメージ図。©Alexandr Chechin

1990年代に中国国内で開発されたステルス機のひとつで、第五世代機とされる。2011年1月、四川省成都の飛行場にて初飛行に成功している。

J-20の情報はほとんど公開されておらず、その特徴や性能は写真から推測するのみである。

主翼は先端を切り落としたデルタウイングで、前方にはカナードを持ち、水平尾翼や垂直尾翼はない。V字型に開いた尾翼は全遊式、エンジンはロシア製のサトゥールンAL-31ターボファンを搭載していると思われる。アビオニクスなどは不明。

中国空軍首脳は過去に、2017年前後にステルス戦闘機が配備されるだろうと述べている。

第8章 中国・韓国・北朝鮮の戦闘機

パキスタンと共同開発された多用途戦闘機
成都 FC-1

★★★★★★

DATA（量産型）
採用：2007年 乗員：1名 全長：14.00m 全幅：9.00m 全高：5.10m 重量：12700kg 総重量： 速力：2203km/h 動力：クリモフRD-93ターボファン×1基 武装：23mm機関砲×2 PL-12中距離空対空ミサイルなど 総生産機数：― 設計者：成都飛機工業公司 製造者：成都飛機工業公司

Su-30、MiG-29にも対抗しうると評価されるFC-1。©Peng Chen

1980年代、J-7が時代遅れになると、中国空軍は米グラマン社の技術支援を受けた輸出向け軽戦闘機・スーパー7の開発に乗り出した。しかし、天安門事件によって西側諸国から技術提供が打ち切られ、その後、90年代中盤に入るとFC-1と名前を変え、ロシアの協力によって開発を再開、2000年代にはパキスタン空軍と共同で製造を行っている。

機体は胴体両側面にエアインテークを持ち、主翼は先端切り落としのデルタウイング。切り落とし先端にAAM搭載可能なクリップを持つ。また、主翼の前から尾翼まで伸びるストレークはF-16風だが、水平尾翼下部に伸びるフィンはMiG-29風でもある。

まだある中国の戦闘機

瀋陽 殲撃5 "フレスコ"

瀋陽 殲撃6 "ファーマー"

第8章 中国・韓国・北朝鮮の戦闘機

南昌 殲撃12

瀋陽 J-31

MiG-23

北朝鮮の戦闘機／ソ連、ロシアから提供されたMiG戦闘機

MiG-23は、ソビエト連邦時代、ミグ設計局の設立者・アルチョム・ミコヤンが最後に手がけた戦闘機となった。NATO(北大西洋条約機構)軍のコードネームは「フロッガー(Flogger)」で、ムチを打つ人の意味。1960年代から70年代に設計された軍用機は、滑走路を破壊された場合に備え、離着陸距離を短縮できる可変翼を持っているのが特徴。可変翼は高速で飛行する際には翼を小さくし、離着陸時には翼を大きくして揚力を稼ぐことができる。

MiG-23も同様の理由で可変翼を採用していて、当時、アメリカで開発中だったF-111戦

★★★★★★★ DATA

採用:1970年 乗員:1名 全長:16.71m 全幅:13.97m 全高:4.82m 重量:17800kg(全備) 速力:2876km/h 動力:ツマンスキーR-35-300ターボジェット×1基 武装:23mm機関砲×1 総生産機数:5000機(MiG-27含む) 設計者:ミコヤン・グレビッチ設計局 製造者:ロシア航空機製作会社
※データはMiG23MLフロッガーG

第8章　中国・韓国・北朝鮮の戦闘機

北朝鮮には MiG-23 のみではなく MiG-17、MiG-19、MiG-21、MiG-29 なども配備されている。

闘機の影響を受けていると思われる。しかしながら、主翼と尾翼の位置関係など、その機体にはソビエト独自の設計思想も色濃く盛り込まれている。

ロシア空軍では現在、テスト用などにMiG-23MLD（軽量化改良版）が若干数運用されているが、その多くがすでに退役している。ソビエト時代に北朝鮮をはじめとして、旧ワルシャワ条約機構諸国、リビア、シリア、イラクなどに輸出供与された機体は、今なお、現役で使用されているものもある。また、それらの機体に装備されていたレーダーや火器管制装置などは、下位クラスのものが多かった。

北朝鮮軍には1976年に46機のMiG-23が配備されているが、近代化も行われておらず、慢性的な燃料不足から訓練も多く行われているとは思えない。2010年11月23日に発生した延坪島攻撃事件時には、砲撃前にMiG-23戦闘機5機が出動し、哨戒任務を行っていた。なお、MiG-27ものちに開発されている。

第8章 中国・韓国・北朝鮮の戦闘機

F-15K

KF-16

韓国の戦闘機

現代の韓国の主力戦闘機は、アメリカ軍のF-15EとF-16を採用している。

第9章
諸外国の戦闘機

インドやフィンランド、スウェーデンに南アフリカ、ポーランド、ユーゴスラビア、ベルギー、チェコ、台湾……。これが世界各国の戦闘機だ。

オーストラリア オーストラリア製作の唯一の国産戦闘機
コモンウェルス CA-12 ブーメラン

★★★★★★

DATA
採用：1942年 乗員：1名 全長：7.77m 全幅：10.97m 全高：2.92m 重量：3492kg 速力：491km/h 動力：P&W「ツイン・ワスプ」R-1830 空冷星型14気筒(1200馬力)×1基 武装：20mm機関砲×2 12.7mm機銃×2 総生産機数：250機 設計者：コモンウェルス社 製造者：コモンウェルス社

武装が強力で、運動性に優れていたので主に地上攻撃用の戦闘爆撃機として使用された。

第二次大戦中、オーストラリアが製作した唯一の国産戦闘機。

太平洋戦争が勃発した当時、オーストラリア空軍が所有していた戦闘機は、もはや陳腐化していたブリュースターバッファローしかなかった。

そこで、AT‐6テキサンの練習機・ワイラウェイの胴体を単座化、エンジンを2倍の出力のツインワスプに換装し、12・7ミリ機関銃4挺と20ミリ機関砲2門を装備するなどで、約3カ月という短期間のうちに完成させた。

その後、ニューギニア戦線に投入されたが、すぐにイギリスとアメリカからスピットファイアなどの高性能戦闘機が配備されたので、日本軍との交戦はなかった。

第9章 諸外国の戦闘機

カナダ ソ連の超音速爆撃機に対抗するための要撃戦闘機

アブロ・カナダ CF-105 アロー

★★★★★★

DATA
採用：― 乗員：2名 全長：24.64m 全幅：15.24m 全高：6.47m 重量：31000kg（全備） 速力：2815km/h以上 動力：P&W J75 ターボジェット×2基 武装：胴体内にスパローまたはファルコン誘導ミサイル×8 総生産機数：5機 設計者：アブロ・カナダ社 製造者：アブロ・カナダ社

合計出力はのちのF-15戦闘機を凌ぐもので、重量は31トンを超える大型機だった。

CF-105は、1940～1950年代の冷戦期、ソ連の超音速爆撃機の迎撃を目的に開発された全天候型要撃戦闘機である。

カナダ空軍がCF-100要撃機の後継として公募し、アブロ・カナダ社と開発計画を締結した。

しかし、盟主国であるイギリスは、その必要性を疑問視する声があり、また開発費の高騰などもあって共同開発には不参加、カナダ一国で開発が行われた。

エンジンは実績のあるP&W社のJ75を搭載し、胴体内に空対空ミサイルを搭載。強力なレーダーを備えた全天候型超音速迎撃機だったが、1950年代末、開発予算減と地対空ミサイルの導入により開発計画は中止となった。

345

ADA テジャス

インドで開発されたマルチロール戦闘機 インド

テジャスはインドの航空開発庁が中心となって、MiG-21の後継機として開発した国産のマルチロール機である。当初はアメリカの技術協力を受けていたが、1998年の核実験にアメリカ政府が反発し、軍事関連技術の移転を禁止。フライ・バイ・ワイヤのソフトやハードを、自国でゼロから開発、製作しなければならなかったため開発は難航した。

水平尾翼やカナードは持たず、クランクドデルタウイングを採用しており、主翼付け根部分に厚みを持たせ、丸みのある胴体となめらかにつなげる整形をしている。

★★★★★★★
DATA

採用：2011年 乗員：1～2名
全長：13.20m 全幅：8.20m 全高：4.40m 重量：12500kg（全備）
速力：2203km/h 動力：F404ターボファンエンジン×1基（初期型）
武装：23mm機関砲 総生産機数：約200機（予定） 設計者：ヒンドスタン航空機、インド航空開発庁他 製造者：ヒンドスタン航空機、インド航空開発庁他

第9章　諸外国の戦闘機

同機は2000～2500万ドルの安価な戦闘機とすることを目指しているが、実現は危ぶまれている。©Rahuldevnath

手前に見えるのがインドの戦闘機テジャス。©vishak

また、暗視ゴーグル対応の照明やHOTASが導入されている。

347

IAI クフィル

イスラエル 中東の平和を守る"子ライオン"

クフィル開発のきっかけは、イスラエルによる先制奇襲攻撃で始まった1967年の第三次中東戦争だった。

同年秋、制裁措置としてフランスがイスラエル国防軍の主力戦闘機であったダッソー社のミラージュ戦闘機の輸出を禁止した。これにより、イスラエルは産業スパイを使ってミラージュ戦闘機のエンジンに関する資料をエンジニアから買収。さらにミラージュVの生産に必要な設備はダッソー社から秘密裏に購入、国内でミラージュのコピー機であるネシェル（Nesher、ヘブライ語で鷲の意）を完成させ、1973年10月に勃発した

DATA
★★★★★★★★

採用：1975年　乗員：1名　全長：15.65m　全幅：8.22m　全高：4.25m　重量：7300kg　速力：2440km/h　動力：ジェネラル・エレクトリック J79-J1E アフターバーナー付ターボジェット×1基　武装：30mm機関砲×1　総生産機数：220機　設計者：イスラエル・エアロスペース・インダストリーズ　製造者：イスラエル・エアロスペース・インダストリーズ

第9章 諸外国の戦闘機

1995年にエクアドルとペルー間で勃発したセネパ紛争では、ペルー空軍機3機を撃墜している。

第四次中東戦争に投入した。

さらに、それだけにとどまらず、エンジンをミラージュより30％ほど強力なジェネラル・エレクトリック製J79-GE17に換装。操舵システムもフライ・バイ・ワイヤを採用し、性能向上と近代化を図った。こうして完成したのがクフィル（Kfir、ヘブライ語で子ライオンの意）だった。

クフィルの動力となったGE製J79エンジンはフランス製に比べると形が太くて短く、機体の構造も変更する必要があった。改修部分としては、機首部分の延長や後部胴体の変更、垂直尾翼の変更、アフターバーナーの冷却用エアインテークの設置などがあった。

この結果、クフィルは戦闘機としての攻撃任務のみならず、迎撃機としても使用されるようになった。また、コストパフォーマンスが高いことから、コロンビア、エクアドル、スリランカなどに輸出され、一時期、アメリカ海軍にもアグレッサー機として25機がリースされていた。

スウェーデン スウェーデンの航空産業のもとになった戦闘機
F.F.V.S. J22

★★★★★★

DATA
初飛行：1942年 乗員：1名 全長：7.80m 全幅：10.00m 全高：3.60m 重量：2020kg 速力：575km/h 動力：スヴェンスカ STW C-3G空冷星型14気筒(1060馬力)×1基 武装：13.2mm機銃×2、8mm機銃×2 総生産機数：198機 設計者：サーブ社及びF.F.V.S.(航空省国立工場) 製造者：サーブ社及びF.F.V.S.(航空省国立工場)

当時の報道では「世界最速の航空機」と呼ばれたという。

1930年代、隣国であるフィンランドやノルウェーが次々と戦争に巻き込まれる様子を見ていたスウェーデンは、中立を保つためにも軍備の拡充に迫られた。

当時、空軍の主力とされていたJ8はすでに旧式で、アメリカから戦闘機を輸入することになった。しかし、間もなくアメリカが兵器の対外輸出を停止すると、ソ連や日本、イタリアなどに頼らざるをえなかった。

兵器の輸入に頼ることに危機感を感じたスウェーデンは、国産戦闘機の開発を始めることになり、サーブ社と国立航空省にて開発が始まり、完成したのがJ21とJ22だった。J22の性能は高く、防空の効果は絶大だった。

第9章 諸外国の戦闘機

スウェーデン サーブ社が開発した双胴の戦闘攻撃機

サーブ 21A

★★★★★★

DATA
採用：1943年 乗員：1名 全長：10.45m 全幅：11.60m 全高：3.96m 重量：4150kg 速力：640km/h 動力：ダイムラー・ベンツ DB605 液冷倒立V型12気筒(1480馬力)×1基 武装：13.2mm機銃×4、20mm機関砲×1 総生産機数：299機 設計者：サーブ社 製造者：サーブ社

胴体後部にエンジンとプロペラが配置してあるサーブ21。©Towpilot

第二次大戦初期、兵器を外国からの輸入に頼らざるをえない状況に危機感を持ったスウェーデン政府が、国内で開発したのがJ21(21A)とJ22だった。

オーソドックスなスタイルの機体を持つJ22に対し、21Aは推進式プロペラを持つ双胴機だった。

当時、世界中の戦闘機設計技師たちはプロペラ戦闘機の性能向上に新たな策を見いだせずにいた。推進式プロペラは、それを打開する策のひとつだった。

推進式の利点は、機首にプロペラがないため、大口径の機関砲を配備することが可能になり、着弾時のブレも少ないこと。だが、その反面、エンジンの冷却や乗員の脱出などに難点も多かった。

スウェーデン スウェーデン最初のジェット戦闘機
サーブ J21R

★★★★★★

DATA

採用：1951年 乗員：1名 全長：10.55m 全幅：11.37m 全高：3.96m 重量：5615kg（全備） 速力：800km/h 動力：デ・ハビランド「ゴブリン3」ターボジェット×1基 武装：7.9mm機銃×8、ロケット弾は8cm×10、10cm×10、18cm×5から選択 総生産機数：30機 設計者：サーブ社 製造者：サーブ社 ※データはJ21RB

サーブ21の改良型のサーブ21Rはスウェーデン最初のジェット機となった。

双胴のプロペラ推進式戦闘機21Aを開発したものの、プロペラを後ろに付けただけでは性能に格差が生じることはなかった。そのため、サーブ社は終戦後、プロペラをジェットエンジンに換装する開発計画に着手した。

大きなレイアウトの変更はせず、21Aとの共通部分は80％程度と期待されたが、設計段階ですでに50％程度となっていた。最も大きな違いは、ジェット排気を避けるため、水平尾翼を従来機より上に移動したこと。しかし、プロペラ推進機としてはまずまずの運動性能だったものの、ジェット戦闘機としては今ひとつ。すべての機を攻撃機に改修しA21Rとして防空の任務を全うした。

第9章 諸外国の戦闘機

スウェーデン 胴体が膨らんだ樽のようなジェット戦闘機

サーブ J29

★★★★★★

DATA
採用：1951年 乗員：1名 全長：10.23m 全幅：11m 全高：3.75m
重量：8000kg 速力：1035km/h 動力：フリクモートルＲＭ2Ｂターボジェット×1基 武装：— 総生産機数：665機 設計者：サーブ社
製造者：サーブ社

1961年に派遣されたコンゴ紛争で活躍したJ29（写真は攻撃機型のJ29B）。

スウェーデンにおける最初のジェット戦闘機がJ21Rであり、J29は2番目となる。第二次大戦終結の直前から開発計画がスタートしていた。

当初はゴブリンエンジン搭載の直線翼機を予定していたが、終戦後、ドイツから接収した後退翼の研究と、イギリスで新たなエンジンが開発されたことによって、機体を再設計している。

原型機は、片持ち高翼単葉の後退角度25度の主翼を持ち、新型のゴーストエンジンをライセンス生産したＲＭ2Ｂエンジンを抱えた丸く太い胴体が特徴で、愛称の「トゥナン」も〝樽〟の意味。J29はマルチロール機として偵察機、攻撃機も開発された。

サーブ J35 ドラケン

スウェーデン 性能ではF-106と互角のジェット戦闘機

世界初のダブルデルタ翼戦闘機として知られているドラケン。©Towpilot

1940年代、亜音速で飛来するジェット爆撃機の脅威は、各国で深刻化していた。北欧の小国が中立の立場を貫くには、周囲の潜在的侵略国が侵略行為を躊躇するほどの防衛力が必要と考えたスウェーデンは、他国が持つ第一級戦闘機と互角に渡り合える性能の戦闘機の開発を急務とした。防衛装備局が要求した内容は、滑走路の代わりに高速道路での離着陸が可能なSTOL性や、10分以内に再給油、再武装が可能なことなど。それに対してサーブ社は、試験的に70%サイズの縮尺機を作製して試験飛行させたところ、期待以上の結果を出した。そこで、その機体を基にドラケン

★★★★★★★★
DATA
採用：― 乗員：1名 全長：15.35m 全幅：9.4m 全高：3.89m 重量：17650kg（全備） 速力：2105km/h 動力：スヴェンスカ・フリグモーターRM6C ターボジェット×1基 武装：― 総生産機数：615機 設計者：サーブ社 製造者：サーブ社
※データはJ35B

第9章　諸外国の戦闘機

愛称の「ドラケン」はドラゴンの意味（写真は初期の生産型のJ35A）。©HoHun

の開発が正式に決定した。

1955年に初飛行に成功したドラケン原型機は、ロールス・ロイス社製エイボン200エンジンを搭載し、主翼を独自に開発したダブルデルタウイングとした。この翼状はその後の超音速機で使用されるストレーキの原型ともなり、デルタウイング機の弱点とされるSTOL性能の改善に効果があった。

飛行試験でも高性能ぶりを示し、また、防衛装備局が示した内容も満足させる結果となっていた。同世代の迎撃戦闘機でドラケンに勝っていたのは、アメリカのF-106くらいだったといわれる。超大国とは比較にならない低予算にもかかわらず、開発は堅実で、射出座席や射撃管制装置なども独自開発に成功している。

また、外翼部が取り外せる構造は、隠蔽もたやすかったがその反面、安定性に不安があり、フライ・バイ・ワイヤのない時代だったため、パイロットは高い技術を必要とされた。

サーブ J37 ビゲン

スウェーデン

運用柔軟性が評価されたドラケンの後継機

日本をはじめ世界各国で購入話が持ち上がったが、アメリカなどからの外交圧力で大規模の輸出は失敗する。
©Rob Vogelaar

　1961年になると、スウェーデン空軍からドラケンの後継機の開発命令が発令された。軍が明示する内容は、熟練していない地上要員も扱うことができ、隠蔽された倉庫から高速道路を利用して離陸できる機体であること。なおかつ、戦闘機をシステム化し、防空のみならず、偵察や爆撃機としても使用できるマルチロール機の開発だった。ドラケンの優れた性能を維持しつつ、滞空時間の短さと飛行安定性の悪さ、そして、離陸時のジェット排気によってアスファルトを傷めてしまう弱点を克服して完成したのが、現代の複葉機ともいわれるビゲン(稲妻の意)だった。

★★★★★★★
DATA

採用：1971年　乗員：1名　全長：15.58m　全幅：10.60m　全高：5.90m　重量：20450kg（全備）　速力：2231km/h　動力：ボルボRM8Bターボファン（推力12440kg）×1基　武装：30mm機関砲×1、誘導ミサイル×4　総生産機数：329機　設計者：サーブ社　製造者：サーブ社　※データはAJ37

第9章　諸外国の戦闘機

J37 ビゲンのコクピット。
©VargaA

サーブ JAS39 グリペン

スウェーデン 戦闘・攻撃・偵察すべてをこなす多目的戦闘機

輸出がゼロだったビゲンとは違い、南アフリカ、ハンガリー、チェコ、タイなど採用国は多い。©Ernst Vikne

冷戦期のスウェーデンは、中立を保つためとはいえ、国防費には限度があり、ビゲンの後継戦闘機は、できるだけ生産コストや運用費を抑える必要に迫られていた。

1982年、その中で開発が始まったグリペンの名称は「JAS39」。Jは戦闘、Aは攻撃、Sは偵察を意味する。つまり、マルチロール機を意味していた。

機体の特徴は、高い機動性を得るため、カナードとデルタウイングを組み合わせたクロースカップルドデルタで、ビゲンを踏襲している。機体はアルミ、CFRP、チタン、鋼材の複合材で軽量

DATA
★★★★★★★★

採用：1996年 乗員：1名 全長：14.10m 全幅：8.40m 全高：4.50m 重量：6622kg 速力：2693km/h 動力：ボルボ・フリグモーターRM12×1基 武装：27mm機関砲×1 総生産機数：— 設計者：サーブ社 製造者：サーブ社。

第9章 諸外国の戦闘機

化され、エンジンはボルボ社のRM12が搭載されている。

愛称「グリペン」はグリフォンのスウェーデン語表記。
©Petr Kadlec

台湾 AIDC F-CK-1 経国

米民間会社の協力を受け開発された多目的戦闘機

台湾が開発した国産ジェット戦闘機「経国」。© 王常松 Chang-Song Wang

1980年前後、台湾空軍は当時運用していた米製F-104やF-5の後継機としてF-16やF-20の導入を打診した。しかし、対中関係を悪化させたくないアメリカがこれを拒否したため計画は頓挫。その代替案として米ジェネラル・ダイナミクス社（GD、現ロッキード・マーチン）ほかの協力を受けてAIDC社が開発したのが国産ジェット戦闘機・F-CK-1（経国）である。GD社が協力したため同社のF-16に似た設計となっており、操縦系統もフライ・バイ・ワイヤ方式をとっている。エンジンは米企業との合弁会社で新たに開発したTFE1042-70エンジン

★★★★★★★★
DATA
採用：1994年 乗員：1名 全長：13.42m 全幅：8.53m 全高：4.56m 重量：6486kg 速力：2203km/h 動力：ITEC TFE1042-70ターボファン×2基 武装：20mm機関砲×1 総生産機数：130機 設計者：航空工業發展中心（現漢翔工業株式会社）製造者：航空工業發展中心（現漢翔工業株式会社）

第9章 諸外国の戦闘機

正面から見た F-CK-1A。
© 王常松 Chang-Song Wang

を双発で搭載している。

チェコ 複葉機の最終世代を代表する一機

アビア B.534

★★★★★★

DATA
採用：1938年　乗員：1名　全長：8.20m　全幅：9.40m　全高：3.10m　重量：1985kg　速力：394km/h　動力：イスパノスイザ12Ybrs 液冷V型12気筒（860馬力）×1基　武装：7.7mm機銃×4　総生産機数：566機　設計者：フランチシェク・ノボトニー　製造者：アビア社

チェコのアビエイション・ミュージアムに展示されているアビアB.534のレプリカ。

第二次大戦時、チェコスロバキアが持っていた唯一の国産戦闘機で、複葉機の最終世代を代表する一機である。

原型機は上下の主翼幅が異なり、外向きに傾斜したN型支柱が上下主翼を支えている。胴体は鋼管フレームと金属板、布で構成されていた。エンジンは当時入手可能だった中で最も高出力だったHS 12Ybrsとした。

1938年のミュンヘン会談までに国内配備が完了していたが、結果的に翌年チェコスロバキアはドイツに併合され、活躍の機会は少なかった。メッサーシュミットBf109に代替したあとは、練習機として使用され、ブルガリア、ギリシャ他に輸出もされている。

362

第9章 諸外国の戦闘機

チェコ 唯一の国産戦闘機B-534の後継機

アビア B-35／B-135

★★★★★★

DATA
採用：― 乗員：1名 全長：8.62m 全幅：10.85m 全高：2.70m 重量：2380kg 速力：535km/h 動力 アビア12Ycrs 液冷V型12気筒（860馬力）×1基 武装：20mm機関砲×1 総生産機数：12機 設計者：フランチシェク・ノボトニー 製造者：アビア社 ※データはB-135

量産型のB-135はブルガリア空軍で運用された際、領空を侵犯した米爆撃機4機を迎撃したとされた。

アビアB-35は、チェコスロバキア空軍が持っていた唯一の国産戦闘機とされたB-534の後継戦闘機として開発された。

楕円翼を持つ低翼単葉の機体で、胴体は鋼管フレームに金属張り。機体後部は布張りで、主翼はすべて木製だった。初号機のエンジンはB-534と同じ12Y系で優秀な飛行性能を示した。

B-135はB-35の量産型だが、主翼はすべて金属製となっていた。12機がブルガリア輸出用に生産されたが、その後はドイツ空軍の命により中止させられた。

就役したB-135は不具合続きで訓練用に回されたが、アメリカの爆撃隊がルーマニアを爆撃したのちの帰路にこれを迎撃した。

363

[フィンランド] 大戦直前に開発された国産戦闘機
VL ミルスキーⅡ

★★★★★★

DATA
採用：1944年　乗員：1名　全長：8.35m　全幅11.00m　全高：3.00m　重量：3213kg(全備)　速力：529km/h　動力：R-1830 SC3-G(1150馬力)×1基　武装：12.7mm機銃×4、100kg爆弾　総生産機数：47機　設計者：VL(国営航空機工場)　製造者：VL(国営航空機工場)

ミルスキーⅡの改良型ミルスキーⅢの生産が行われたが大戦終結により中止された。

第二次大戦直前、フィンランドでは国産戦闘機の開発を始めた。数をそろえる必要があるため、安価に生産可能な機体設計とした。

その結果、完成したミルスキーⅠは、木材金属の混合構造で、木製フレームに合板張りの主翼、胴体は鋼管フレームにアルミ張り、一部布張りだった。

エンジンはP&Wツインワスプ空冷エンジンのライセンス品を搭載し、3機の原型機が作製されたが重量が重くて扱いにくく、3機とも1941年の試験飛行中に失われた。

それでも量産化されミルスキーⅡと命名。フィンランド空軍に20機配備されたが、主に偵察用に使用された。

第9章 諸外国の戦闘機

フィンランド 「竜巻」とつけられたミルスキー後継機
VL ピヨレミルスキー

★★★★★★

DATA
採用：― 乗員：1名 全長：9.15m 全幅：10.35m 全高：3.89m 重量：3300kg(全備) 速力：650km/h 動力：ダイムラー・ベンツ605AC(1475馬力)×1基 武装：20mm機関砲×1、12.7mm機銃×2 総生産機数：1機 設計者：VL(国営航空機工場) 製造者：VL(国営航空機工場)

残念ながら実戦投入はならなかった「ピヨレミルスキー」。©Reino Myllymäki

　第二次大戦が始まって間もなく、欧州の空に君臨したのは独メッサーシュミットBf109だった。フィンランド空軍もミルスキーの後継はBf109と同等以上の性能を目指した。そして、開発が進められた機の性能はBf109に似ていた。

　原型機にはドイツから貸与されたBf109Gに搭載されていたDB605のエンジンを流用して製作した。しかし、その後もBf109が十分供給され続けたことと、ソ連との休戦協定締結により開発は中止となった。

　ピヨレミルスキーとはフィンランド語で「竜巻」の意。完成した原型1号機はフィンランド中央航空博物館に展示されている。

365

アヴィオン・フェアリ フォックス偵察戦闘機

ベルギー ライセンス生産で製作された戦闘機

1920年代、イギリスのフェアリ社が開発したフォックス複座複葉爆撃機は、同時代の戦闘機より高速で飛行することができたため、各国の注目を浴びた。

ベルギー空軍も同様に関心を示し、フェアリ社の国内法人であるアヴィオン・フェアリ社でフォックスIIをライセンス取得・生産し、1933年からは実戦配備した。

アヴィオン・フェアリ社は続いて、当座のフォックスIIにあった英国産の搭載エンジンから、倍の高出力エンジン・イスパノスイザ12Yに換装した機体を開発・完成させた。これがアヴィオン・フェ

★★★★★★★☆
DATA

採用：1933年 乗員：2名 全長：9.17m 全幅：11.58m 全高：3.35m 重量：1134kg 速力：365km/h 動力：イスパノスイザ 12Ydrs 水冷V型12気筒（860馬力）×1 武装：7.7mm機銃×2〜3、軽爆弾 総生産機数：196機 設計者：フェアリ社 製造者：アヴィオン・フェアリ社

第9章　諸外国の戦闘機

1940年のドイツ侵攻時には、ドイツ軍と交戦している。

アリ フォックス偵察戦闘機である。武装は7.7mm機銃とともに軽爆弾を備え、軽戦闘機としては申し分のないものだった。

ベルギー空軍では偵察機として役立てられたが製造は1939年に終了している。

派生機種はフォックスIIにアームストロングエンジンを載せた3型から単座の8型までである。

本国フェアリーフォックスよりもむしろベルギーでの働きに輝かしい足跡を残した。

1940年5月、ドイツ軍侵攻に際し、ドイツ軍との戦闘を繰り広げた。ドイツの当時の主力メッサーシュミットBf109に比べて性能的には遅れをとったが、善戦した。

隣国フランスがドイツに占領されたことを思えば、アヴィオン・フェアリ フォックス機の重要度は、たとえベルギー純国産ではないにしても、高いといえる。歴史的な存在感は薄くとも、ベルギーの大戦期を守った名機である。

367

ポーランド 1930年代ポーランドの主力戦闘機
PZL P.7／11

★★★★★★

DATA

採用：1933年　乗員：1名　全長：7.55m　全幅：10.72m　全高：2.85m　重量　1650kg　速力：327km/h　動力：マーキュリーVI.S2（645馬力）×1基　武装：7.9mm機銃×2　総生産機数：149機　設計者：PZL社　製造者：PZL社
※データはPZL P.7

1939年9月に勃発した第二次世界大戦時、ドイツ軍侵攻の防衛戦にも使用されたP.7。

1920年代、ポーランドのPZL社で開発された戦闘機がP.7である。国産初の量産型全金属製単葉機で、当時としては最先端の主力戦闘機だった。

しかし、直径の大きい星形エンジンを搭載していたため前方視界が悪く、1930年にそれまでより小さいエンジンを搭載した機体が開発され、P.11と名付けられた。

胴体はジュラルミンの外皮を持ち、主翼は2本の桁を持つ矩形のガル状高翼配置で、「ポーランドウイング」などとも呼ばれ、良好な視界を持っていた。

エンジン納入の遅れや生産ラインの問題などで、ようやく量産が開始されたのは1934年のことだった。

第9章 諸外国の戦闘機

ポーランド ほぼ輸出用に製作されたP.11後継機

PZL P.24

★★★★★★★

DATA
初飛行:1935年 乗員:1名 全長:7.81m 全幅:10.68m 全高:2.69m 重量:1195kg 速力:430km/h 動力:グノーム・ローヌ14気筒星型空冷(1900馬力)×1基 武装:20mm機関砲×2、7.92mm機銃×2 総生産機数:187機(アンダーライセンス生産含む) 設計者:PZL社 製造者:PZL社

P.24の運用国はトルコ、ギリシャ、ルーマニア、ブルガリア、エチオピアなど。

PZL社は、P.7に続きP.11という優秀な戦闘機を開発し海外の顧客への輸出を考えた。しかし、P.11に搭載しているエンジンがライセンス契約により再輸出できないことから別のエンジンに換装するための再設計を行う必要に迫られた。候補に挙がったのは、グノーム・ローヌ社製ミストラル・メジャーエンジンだったが、入手が遅れ、さらに初飛行時にはプロペラの分解事故が起きてしまった。

その後の再飛行で設計が手直しされ、原型2号機は、優秀な性能を示した。特に速度は時速414kmという、国際航空連盟公認の記録を樹立。原型3号機はさらに強力なエンジンを搭載した。

南アフリカ　ミラージュⅢ50を国産化した多用途戦闘機

デネル・アビエーション チータ

★★★★★★

DATA
採用：1986年　乗員：2名　全長：15.55m　全幅：8.22m　全高：4.5m　重量：6000kg　速力：2693km/h　動力：スネクマアター9K50×1基　武装：30mm機関砲×2　総生産機数：―　設計者：アトラス社　製造者：アトラス社

現在、南アフリカ唯一の戦闘機のチータだが、今後はJAS39Cグリペン戦闘機などに代替され、チリへ輸出されるという。©NJR ZA

1985年、南アフリカの国有会社・アトラス・エアクラフト社（現デネル・アビエーション社）は小型多目的超音速ジェット戦闘機チータを国産化したと公表した。

しかし、見てわかるとおり、純国産ではなく、南ア空軍が保有していた仏ダッソー社のミラージュⅢ50戦闘機を、イスラエルの技術支援を受けて近代化した国産化戦闘機である。

ベースとなったミラージュは、米F-16と並ぶ現代のベストセラー小型多目的戦闘機で、4トンの爆弾搭載力とマッハ2以上の最高速度を有している。

チータはミラージュより約70cm長い機首に高性能火器管制レーダーを収容している。

第9章 諸外国の戦闘機

ユーゴスラビア ユーゴスラビアで開発された単座戦闘機

ロゴザルスキーIK-3

★★★★★★

DATA
採用:1938年 乗員:1名 全長:8.00m 全幅:10.30m 全高:3.25m 重量:2070kg 速力:527km/h 動力:イスパノスイザ12Ycrs液冷V型12気筒(960馬力)×1基 武装:20mm機関砲×1、7.92mm機銃×2 総生産機数:13機 設計者:リュボミール・イリチ、コスタ・シブツェフ、スロボーダン・ジュルニチら 製造者:ロゴザルスキー社

Bf109Eやホーカー・ハリケーンなどより動きが軽快だとパイロットたちに好評だったという。

1930年代、ユーゴスラビアの技術者によって開発された単座戦闘機。木材金属混合の片持ち低翼単葉で、密閉式キャノピーや引き込み式主脚という、当時としては最先端の機体だった。

原型機の初飛行は優秀な結果を示したが、翌年、墜落事故を起こしたため改良を加えた生産型12機が37年までに全機配備された。

1941年4月、ドイツ軍がユーゴスラビアに侵攻した際、6機が迎撃し、ドイツ軍機11機を撃破したとされる。残った機体はドイツ軍の接収を嫌い、ユーゴスラビア軍自身の手で破壊されたという記録もあるが、ドイツ軍の記章をつけた機の写真が残っていることから、少数が接収されたようだ。

IAR80／81

ルーマニア

P.24Eの設計をもとに開発されたルーマニアの傑作

1937年、ルーマニアにてライセンス生産していたポーランドのPZL P.24の陳腐化が著しくなったためP.24Eの設計をもとにして、エンジン、主翼、降着装置などを高性能化する形で新しい機体が開発された。

それがルーマニアの傑作といわれるIAR80である。PZL P.11系との類似点も多いため、PZL P.11系の最終型ともいわれる。

1939年、初飛行にも成功し、性能も大幅に向上したためすぐに量産されることになった。エンジンは空冷星形14気筒を搭載し、ルーマニア空軍の主力戦闘機として使用された。

DATA
★★★★★★★★★

採用：1940年 乗員：1名 全長：8.97m 全幅：10.52m 全高：3.60m 重量：2685kg 速力：527m/h 動力：IAR K14-1000A空冷星型14気筒（1030馬力）×1基 武装：7.92mm機銃×4、13mm機銃×2 総生産機数：436機 設計者：イオン・グロス 製造者：IAR社 ※データはIAR 80B

第9章 諸外国の戦闘機

枢軸国空軍の一翼を担ったIAR80/81。
ソ連軍や連合軍などと戦った。
©David Holt

第二次大戦後には複座に改修され、1952年まで練習機として利用されていた。

大戦当時のIAR80のパイロット。

パナビア トーネード

英独伊
英独伊共同開発の全天候マルチロール機

派生型には防空戦闘機型、電子戦闘偵察機型、対艦攻撃専用機型などがある。

1960年代末、西ヨーロッパではF-104Gスターファイターの世代交代機を選出しなければならない時代になり、英、西独、伊の3カ国は、多目的戦闘機開発計画のための協定を結ぶことになった。機体製造は英BAe社、西独MBB社、伊アエリタリアの3社が選出され、プロジェクト管理のためパナビア・エアクラフト社が設立された。

計画当初、当機はMRCA（マルチ・ロール・コンバット・エアクラフト）と呼ばれ、その目的は文字通り、近接航空支援、阻止対空攻撃、対艦攻撃、偵察、制空、迎撃防空と多岐にわたった。

★★★★★★★★
DATA
採用：1976年 乗員：2名 全長：16.72m 全幅：13.91m 全高：5.95m 重量：14090kg 速力：2693km/h 動力：ターボユニオン RB199-34R アフターバーナー付ターボファン×1基 武装：27mm機関砲×2 総生産機数：992機 設計者：パナビア社 製造者：パナビア社

第9章 諸外国の戦闘機

完成した機体はトーネードIDSと呼ばれ、実際にそうした多目的任務に使用されているが、基本的には阻止攻撃を目的とする戦闘爆撃機である。

主翼は可変翼を採用しているが、理由は敵地侵攻の際、レーダーに探知されるのを防ぐためと、良好な巡航効率、STOL性能確保のためである。STOL性能はトーネードの特徴のひとつで、開戦直後に敵の基地を爆撃するのが常套手段とされるが、その際、味方基地も同様の攻撃を受けることが予想され、その状況下でも作戦が継続できることを求められていたためだ。

1976年、イギリス空軍、ドイツ空軍向けの生産が受諾され、トーネードは本格配備に向けて動きだした。1979年にはイギリス向けの防空型トーネードADV試作機が完成、1981年にはイタリア向けのトーネードが生産開始された。トーネードは湾岸戦争やイラク戦争でも危険な任務に従事し、成果を上げている。

ユーロファイター タイフーン

英独伊西

F-22とF-35の能力を備えた優れた戦闘機

デルタ翼とカナード（前翼）を備えた、カナードデルタと呼ばれる機体構成を持つ多用途戦闘機のタイフーン。©Chris Lofting

1970年代、西側諸国はソ連の新型戦闘機の登場に対し、自国の戦闘機が陳腐化したという危機感を持ち始めていた。その頃からヨーロッパ各国には、独自に開発していた新世代戦闘機を共同開発する機運が生じていた。

タイフーンは英、独、伊、西（スペイン）の4カ国が共同で開発した戦闘機となった。将来欧州戦闘機計画と名付けられたこのプロジェクトは煩雑を極めた。脱退国が出たり、生産も各国が3つに分かれて行うなどして開発も入り組んだ結果となった。冷戦終結とともにかつての東側であるドイツも加わって計画が再編成。EU時代を象徴

★★★★★★★★
DATA

採用：2003年　乗員：2名　全長：15.96m　全幅：10.95m　全高：5.3m　重量：10995kg　速力：2448km/h　動力：ユーロジェット・ターボ EJ200 ターボファン×2基　武装：27mm機関砲×1　総生産機数：―　設計者：―　製造者：ユーロファイター社

第9章　諸外国の戦闘機

する計画に生まれ変わった。

資料によると、タイフーンは米最新戦闘機F-22には空戦能力で劣るが、対空対地両方の装備をしたうえで作戦中に攻撃を受けても反撃を行うことが可能。さらに、F-22とF-35それぞれの得意分野である空中戦闘能力と対地攻撃能力の両方を1機でカバーできる優れた戦闘機といわれている。

冷戦中に開発が進められた機体とは思えないほど高度な電子化が進んだユーロファイターは、計器をディスプレイ表示にして音声入力装置も備えた。自動の防御システム「DASS」も充実している。2011年には英・伊それぞれの空軍機としてリビアでの作戦に参加した。

しかしNATOの既存の戦闘機に比べてタイフーンのレーダー・システム「CAPTOR」は技術面で遅れをとっている。タイフーンの性能を向上させるべく、「CAPTOR」の改良は今も進められている。2015年の実用化と、輸出の成功が期待されている。

I.Ae. 27 プルキー I（アルゼンチン）

FMA I.Ae. 33 プルキー II（アルゼンチン）

まだある諸外国の戦闘機

第9章 諸外国の戦闘機

©Horacio Claria

ネシェル（イスラエル）

©Shahram Sharifi

HESA サーエゲ（イラン）

HESA アザラフシュ（イラン）

HAL マルート（インド）

第9章　諸外国の戦闘機

HAL アジート（インド）

サーブ 32 ランセン（スウェーデン）

第9章 諸外国の戦闘機

S-49（ユーゴスラビア）

IAR-99 ショイム（ルーマニア）

【参考文献】

『決定版　第二次大戦　戦闘機ガイド　日米英独』(歴史群像編集部編/Gakken)
『決定版　世界のジェット戦闘機FILE』(大塚好古著　歴史群像編集部編/Gakken)
『最強　世界の軍用機図鑑』(坂本明・おちあい熊一著/Gakken)
『軍用機パーフェクトBOOK　第二次大戦までの名機508』
(安藤 英彌、嶋田 久典、谷井 成章、伊吹 龍太郎著/コスミック出版)
『零戦と日本の名機』(歴史博学倶楽部編著/竹書房)
『新・世界の戦闘機・攻撃機カタログ』(清谷信一編/アリアドネ企画)
『1939-1945 第二次大戦 世界の戦闘機』(松崎豊一著/イカロス出版)
『世界の戦闘機図鑑』(ジム・ウィンチェスター著、帆足孝治訳、佐藤敏行訳/イカロス出版)
『アメリカ陸軍機1908-1946』(野原茂著/文林堂)
『アメリカの海軍機1909-1945』(野原茂著/文林堂)
『ドイツ空軍戦闘機1930-1945』(野原茂著/文林堂)
『日本陸海軍戦闘機1930-1945』(野原茂著/文林堂)
『世界のジェット戦闘機 P-80からF-22まで』(野原茂著/文林堂)

【Web】

『世界の名機』
http://www.military.sakura.ne.jp/world/index.htm

編集協力	株式会社JB
彩色	山下敦史　澤田俊晴
写真提供	板倉秀典
協力	井上和彦
デザイン	山口喜秀(G.B. Design House)
	酒井由加里(G.B. Design House)
	森田千秋(G.B. Design House)
DTP	C.S.S、あついデザイン研究所、三井京子

「歴史の真相」研究会（「れきしのしんそう」けんきゅうかい）
豊富な文献とデータベースをもとに歴史に隠された真実を考察する団体。日本史に限らず、世界史まで幅広く研究する。主な著書に『学校では教えてくれない本当の日本史』『本当は怖い古代エジプト ツタンカーメンとピラミッドの謎』『日本人だけが知らないおもしろ世界史』（すべて宝島社）などがある。

※本書は第二次世界大戦から現代までの戦闘機の中でも、各国で制式採用されたものを完全網羅としています。加えて、注目すべき開発中の戦闘機や歴史にその名を残した試作機についても一部掲載しています。

世界の戦闘機 完全網羅カタログ

2014年6月 6日　第1刷発行
2022年7月28日　第3刷発行

著　者　「歴史の真相」研究会

発行人　蓮見清一
発行所　株式会社宝島社
　　　　〒102-8388　東京都千代田区一番町25番地
　　　　電話　営業　03-3234-4621
　　　　　　　編集　03-3239-0928
　　　　　　　https://tkj.jp

印刷・製本　株式会社光邦

本書の無断転載・複製を禁じます。
落丁・乱丁本はお取り替えいたします。
©Rekishinoshinsou Kenkyuukai 2014 Printed in Japan
ISBN 978-4-8002-2730-0